Rolando Zucchini

La congettura di Siracusa

MNAMON

In memoria di Enrico (1913 – 1989)
e di Rosa (1913 – 1999)

In memoria di Giuseppe Peano (1858 – 1932)

La matematica non è ancora pronta per problemi di questo tipo
(Paul Erdòs; 1913 – 1996)

Premessa

La congettura di Siracusa (meglio nota come la congettura di Collatz) è una delle tante congetture matematiche ancora in attesa di dimostrazione. In questo saggio è affrontata evidenziandone alcune caratteristiche. Da una di queste prende spunto un procedimento che conduce a un teorema la cui dimostrazione la risolve in maniera completa e definitiva.

In pochi passi si esce dal labirinto, si giunge a livello del mare da altissime quote e si doma il pazzo ascensore di un altissimo grattacielo.

La soluzione della congettura di Siracusa svela la magica armonia dei numeri dispari e apre nuovi orizzonti alla teoria dei numeri.

Introduzione

Una congettura (dal latino *coniectura*, verbo *conicere*: dedurre, interpretare, concludere) è una affermazione basata su una intuizione, una riflessione, un lampo di genio. La parola congettura (*eikasia*) si ritrova per la prima volta negli scritti di Platone (428 – 347 a.C.). Dopo di lui gli stoici sostennero che *il sapiente deve sempre esprimersi per certezze e non per congetture*. A essi Cicerone (107 – 44 a.C.) ribatte che *è proprio del sapiente fare congetture su ciò che ignora*. Nicolò Cusano (Kues 1401 – Todi 1464) tratta sistematicamente la relazione tra noto e ignoto e dà valore al sapere incompleto delle congetture considerandole uniche e nobili. Il termine congettura fu usato spesso da Karl Popper (Vienna 1902 – Londra 1994) nel contesto della filosofia scientifica. In matematica, una congettura è un enunciato ritenuto vero ma per il quale non esiste una dimostrazione. A differenza delle scienze cosiddette empiriche, la matematica è fondata su verità inoppugnabili, da qui i numerosi tentativi di dimostrare le congetture più famose, molte delle quali sono state dimostrate in maniera logica e inconfutabile; tante altre, invece, sono tuttora in attesa di dimostrazione. Tra esse la congettura di Siracusa, nonostante sia stata verificata per numeri dell'ordine di 2×10^{12}, due milioni di milioni.

***

La congettura di Siracusa è soprattutto nota come la congettura di Collatz, dal nome del matematico Lothar Collatz (Arnsberg 1910 – Varna 1990) il quale la formulò nel 1937, e da allora non è stata ancora dimostrata e mai si è trovato un contro-esempio che la rendesse falsa. Lothar Collatz ha studiato matematica in varie Università, tra le quali l'Università di Berlino sotto il rettorato di Alfred Klose (1895 – 1953). Si è laureato nel 1935 con una tesi sulle soluzioni approssimate delle equazioni differenziali lineari. È stato membro onorario della Società Matematica di Hamburg e insignito della laurea ad honorem dall'Università di San Paolo in Brasile, da quella di Dundee (Scozia) e dalle Università tecniche di Vienna, Hannover e Dresden. Intorno agli anni trenta del novecento egli si occupò della teoria dei numeri, e fu proprio durante questi studi che formulò la congettura. Il suo amico Helmut Hasse (Kassel 1989 – Ahrensburg 1979), negli anni cinquanta, presentò il problema durante un convegno di matematici all'università di Syracuse (New York), da qui il nome *congettura di Siracusa*. Essa è anche detta *problema di Ulam* dal nome del matematico Stanislaw Ulam (1909 – 1984) che lo propose agli studenti dell'università di Los Alamos (New Mexico) nella quale insegnava. Il problema di Ulam fu ripreso, negli anni sessanta, dal matematico giapponese Shizuo Kakutani (1911 – 2004), per questo è anche detto *problema di Kakutani*. La congettura di Siracusa è citata nel film *La donna che canta* (2010) di Denis Villeneuve, tratto dall'opera teatrale *Incendies* di Wajdi Mouawad.

La congettura di Siracusa

La congettura di Siracusa afferma: *Se a un qualsiasi numero intero naturale n, diverso da zero, si applica l'algoritmo 3n+1 se n è dispari, n/2 se n è pari, la successione dei valori ottenuti precipita a 1 dopo un numero finito di passi, rispettando sempre il ciclo finale {4; 2; 1}.*

$$\forall n \in \mathbb{N} : n \neq 0 \longrightarrow \begin{cases} 3n+1 & \text{se } n \text{ è dispari} \\ \\ n/2 & \text{se } n \text{ è pari} \end{cases}$$

Scelto n = 12 (pari), applicando l'algoritmo di Collatz si ottiene la seguente sequenza:

n = 12 → S(12) = {12; 6; 3; 10; 5; 16; 8; 4; 2; 1}

il numero 12 precipita a 1 in nove passi.

La sequenza (o successione) generata dal numero 12 è oscillante (né crescente, né decrescente) e può essere rappresentata con un grafico su un piano cartesiano che ha per origine (0,1), il numero 1 può essere inteso come il livello minimo o anche livello del mare. I passi sono riportati sull'asse delle ascisse e il numero generatore sull'asse delle ordinate. Il grafico relativo all'oscillazione della sequenza S(12) (generata dal numero 12) è rappresentato in figura 1. In esso la linea orizzontale parallela all'asse delle ascisse (passi) è l'orizzonte del numero 12. Il numero 12, durante l'oscillazione della successione S(12) da esso generata, supera il suo orizzonte una sola volta, esattamente al passo 5, in corrispondenza del quale raggiunge il picco 16.

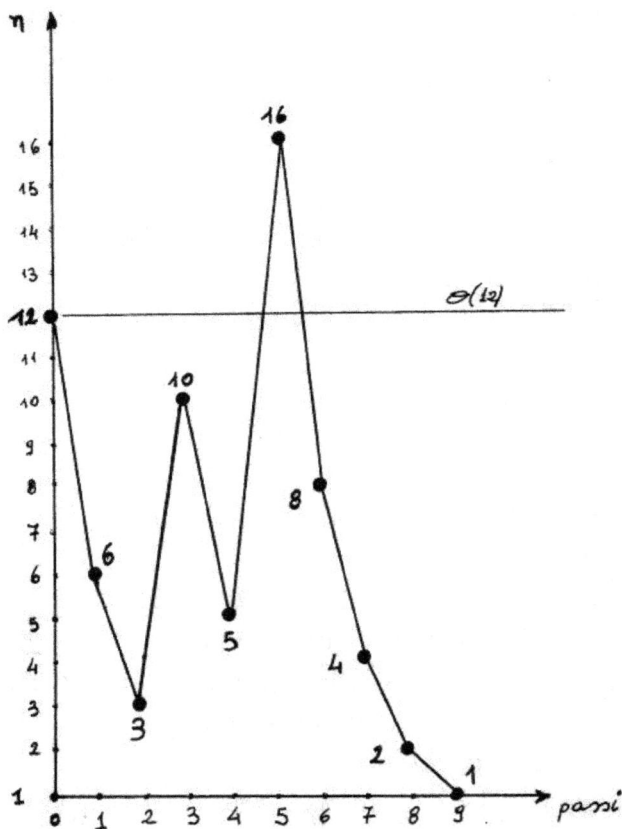

fig. 1

Scelto n = 7 (dispari), applicando l'algoritmo si ottiene la sequenza:

n = 7 → S(7) = {7; 22; 11; 34; 17; 52; 26; 13; 40; 20; 10; 5; 16; 8; 4; 2; 1}

il numero 7 precipita a 1 in 16 passi.

In figura 2 è rappresentato il grafico relativo alla oscillazione della sequenza S(7).

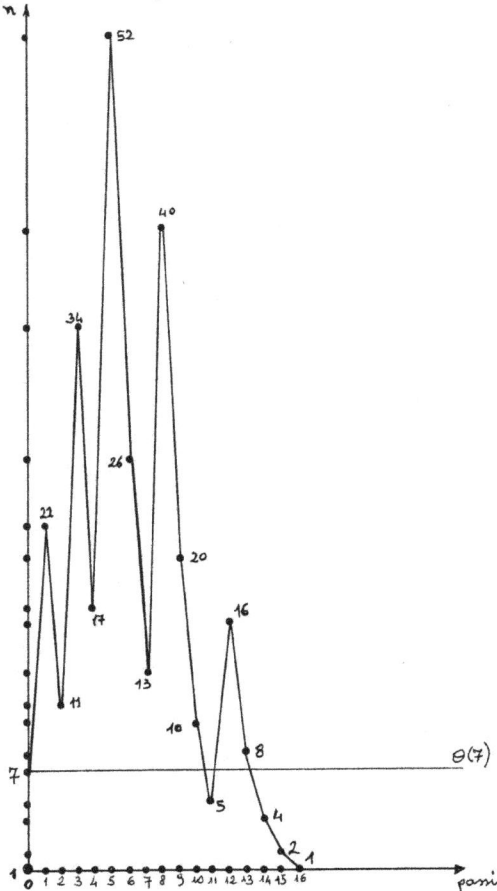

fig. 2

C'è da far notare che se si sceglie come numero di partenza un numero dispari, il primo elemento della sequenza è sempre un pari, in quanto il prodotto di 3 per un altro dispari dà ancora un dispari, il quale diventa pari con l'aggiunta di 1. Ciò accade per tutti i successori di un numero dispari contenuto nella sequenza. Un numero pari, invece, può essere seguito da un dispari o da uno o più numeri pari.

$n = 48 \rightarrow S(48) = \{48; 24; 12; 6; 3; 10; 5; 16; 8; 4; 2; 1\}$

Se si sceglie un numero pari potenza di 2, $n = 2^p = 2; 4; 8; 16; 32; 64; 128; 256; 512; 1024; 2048; \ldots$, esso giunge a 1 dopo un ciclo di p applicazioni dell'algoritmo. Per esempio:

$2^4 = 16 \rightarrow S(16) = \{16; 8; 4; 2; 1\}$ (5 valori, 4 passi)
$2^7 = 128 \rightarrow S(128) = \{128; 64; 32; 16; 8; 4; 2; 1\}$ (8 valori, 7 passi)

La stessa osservazione è valida anche per i numeri dispari, allorquando $3n+1 = 2^p$, cioè $n = (2^p-1)/3$. In questo caso il numero dei passaggi necessari per farlo precipitare a 1 è uguale a $p+1$. Tenendo conto che l'algoritmo è applicabile esclusivamente ai numeri interi naturali, vediamo alcuni esempi:

$p = 1 \rightarrow n$ non è intero
$p = 2 \rightarrow n = 1 \rightarrow \{1; 4; 2; 1\}$ (4 valori, 3 passi)

p = 3 → n non è intero
p = 4 → n = 5 → S(5) = {5; 16; 8; 4; 2; 1} (6 valori, 5 passi)
p = 5 → n non è intero
p = 6 → n = 21 → S(21) = {21; 64; 32; 16; 8; 4; 2; 1} (8 valori, 7 passi)
p = 7 → n non è intero
p = 8 → n non è intero
p = 9 → n non è intero
p = 10 → n = 341 → S(341) = {341; 1024; 512; 256; 128; 64; 32; 16; 8; 4; 2; 1} (12 valori, 11 passi)
…

Qui ci fermiamo, ma appare interessante notare che per alcuni numeri naturali, siano essi pari o dispari, i quali costituiscono una partizione dell'insieme N (v. fig. 3), è possibile stabilire a priori il numero dei valori contenuti nelle rispettive successioni ottenute applicando a essi l'algoritmo di Collatz, e quindi stabilire con esattezza il numero dei passi necessari per giungere a 1.

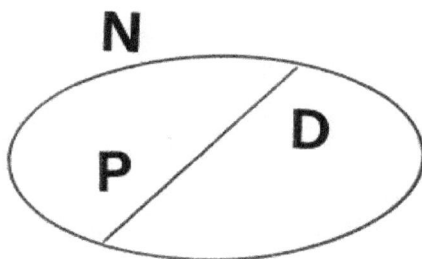

fig. 3

Precisamente, indicando con P l'insieme dei numeri pari e D l'insieme dei numeri dispari:

Se $n \in P \subset N : n = 2^p \Rightarrow$ la corrispondente successione S(n) contiene p+1 valori e precipita a 1 in p passi.

Se $n \in D \subset N : n = (2^p-1)/3 \Rightarrow$ la corrispondente successione S(n) contiene p+2 valori e precipita a 1 in p+1 passi.

Le cose si complicano se la scelta cade su un numero che non soddisfa alle condizioni di cui sopra. Per esso non è possibile stabilire a priori il numero di passi necessari per arrivare a 1.

Se scegliamo per esempio il numero 25 si ha la seguente sequenza:

25 → 76 → 38 → **19** → 58 → 29 → **88** → 44 → 22 → 11 → 34 → **17** → 52 → 26 → 13 → 40 → 20 → 10 → 5 → 16 → 8 → **4** → **2** → **1**

Costituita da 23 passi. Osserviamo che la successione dei valori non contiene due numeri uguali, ma sono tutti diversi tra loro. Ciò accade per tutte le successioni di tutti i numeri. Insomma, le successioni ottenute mediante l'algoritmo di Collatz precipitano a 1 assumendo valori diversi tra loro. Ciò è evidente. Infatti se in una successione due numeri fossero uguali, da essi in poi si avrebbe la stessa sequenza, dando luogo a un circolo vizioso, e questo è impossibile (escluso chiaramente il numero 1 che genera il ciclo finale). C'è da notare inoltre che, costruita una successione, se ne conoscono tante altre, esattamente tutte quelle dei numeri in essa presenti. Con riferimento all'esempio precedente, la sequenza del numero 25 permette di conoscere le sequenze dei numeri:

19 → 58 → 29 → **88** → 44 → 22 → 11 → 34 → **17** → 52 → 26 → 13 → 40 → 20 → 10 → 5 → 16 → 8 → **4** → **2** → **1**
88 → 44 → 22 → 11 → 34 → **17** → 52 → 26 → 13 → 40 → 20 → 10 → 5 → 16 → 8 → **4** → **2** → **1**
17 → 52 → 26 → 13 → 40 → 20 → 10 → 5 → 16 → 8 → **4** → **2** → **1**

E così via per tutti gli altri. La sequenza del numero 25 permette di conoscere le sequenze di altri venti numeri naturali (escludendo i valori del ciclo finale 4, 2, 1 e il numero 25), pari o dispari. Se un numero genera una successione di 1000 valori, da essa si conoscono le successioni di 996 numeri in essa contenuti.

Nel calcolo dei valori delle sequenze c'è anche da osservare che ognuna di esse si collega a un'altra precedente, allorquando un valore di essa diventa uguale a quello di un'altra già computata. In figura 4 è riportato lo schema di una tale considerazione in riferimento ai numeri consecutivi 5, 6, 7.

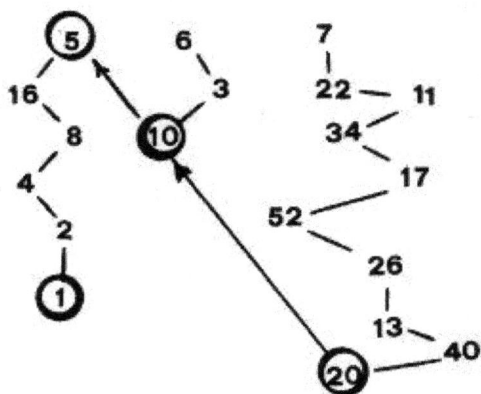

fig. 4

La sequenza del numero 7, dal valore 20, prosegue in quella del numero 6, la quale a sua volta, dal valore 10, prosegue in quella del 5. Se continuassimo nel computo delle successive sequenze ci accorgeremmo che la sequenza del numero 8 è già presente nella sequenza del 5, mentre quella del numero 9, dal valore 14, prosegue in quella del 7, la quale a sua volta … … e così via.

Sempre in riferimento al numero 25, ma il ragionamento è valido per qualsiasi altro numero, un'altra osservazione importante è che quando un valore della successione scende al di sotto di 25, in questo caso 19, la sua successione da qui in avanti diventa perfettamente uguale a quella di questo numero. Cosicché la successione del numero 25 si collega alla successione del numero 19. Insomma, le infinite successioni generate dall'algoritmo danno origine a una sorta di intreccio, nel quale ognuna delle sequenze si aggancia a una di quelle precedenti. In figura 5 è riportato l'intreccio generato dai primi sette numeri naturali.

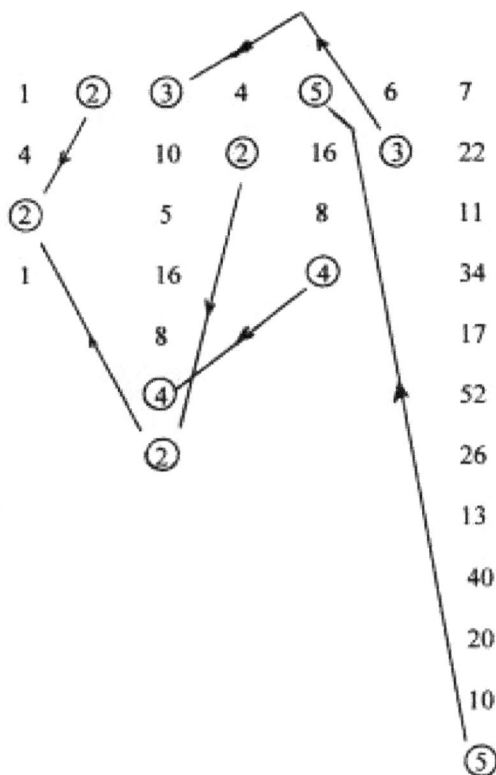

fig. 5

I numeri 2 e 3 si agganciano alla sequenza del numero 1, quella del numero 4, del numero 5, e del numero 6 a quella del 3, mentre la sequenza generata dal numero 7 si aggancia a quella generata dal numero 5. Si potrebbero costruire intrecci di centinaia di numeri consecutivi.

***

Se prendiamo 33 come numero generatore, applicando l'algoritmo, si ottiene la sequenza:

33 → 100 → 50 → **25** < 33

25 → 76 → 38 → **19** < 25

19 → 58 → 29 → 88 → 44 → 22 → **11** < 19

11 → 34 → 17 → 52 → 26 → 13 → 40 → 20 → **10** < 11

10 → **5** < 10

5 → 16 → 8 → 4 < 5

4 → **2** → **1** ciclo finale. (v. fig. 6)

fig. 6

Se prendiamo 34 come numero generatore, applicando l'algoritmo, si ottiene la sequenza:

$34 \rightarrow 17 < 34$
$17 \rightarrow 52 \rightarrow 26 \rightarrow 13 < 17$
$13 \rightarrow 40 \rightarrow 20 \rightarrow 10 < 13$
$10 \rightarrow 5 < 10$
$5 \rightarrow 16 \rightarrow 8 \rightarrow 4 < 5$
$4 \rightarrow 2 \rightarrow 1$ ciclo finale. (v. fig. 7)

fig. 7

Se prendiamo 49 come numero generatore, applicando l'algoritmo, si ottiene la sequenza:

$49 \rightarrow 148 \rightarrow 74 \rightarrow 37 < 49$
$37 \rightarrow 112 \rightarrow 56 \rightarrow 28 < 37$
$28 \rightarrow 14 < 28$
$14 \rightarrow 7 < 14$

$7 \rightarrow 22 \rightarrow 11 \rightarrow 34 \rightarrow 17 \rightarrow 52 \rightarrow 26 \rightarrow 13 \rightarrow 40 \rightarrow$
$20 \rightarrow 10 \rightarrow 5 < 7$
$5 \rightarrow 16 \rightarrow 8 \rightarrow 4 < 5$
$4 \rightarrow 2 \rightarrow 1$ ciclo finale. (v. fig. 8)

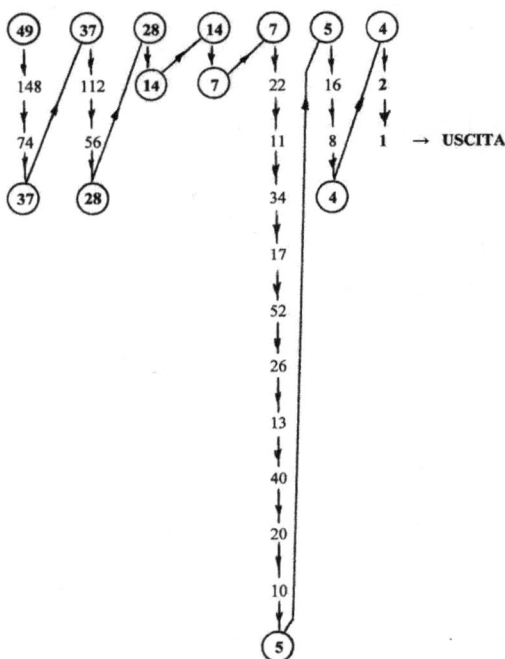

fig. 8

Se prendiamo 204 come numero generatore, applicando l'algoritmo, si ottiene la sequenza:

$204 \rightarrow 102 < 204$
$102 \rightarrow 51 < 102$

$\mathbf{51} \twoheadrightarrow 154 \twoheadrightarrow 77 \twoheadrightarrow 232 \twoheadrightarrow 116 \twoheadrightarrow 58 \twoheadrightarrow \mathbf{29} < 51$
$\mathbf{29} \twoheadrightarrow 88 \twoheadrightarrow 44 \twoheadrightarrow \mathbf{22} < 29$
$\mathbf{22} \twoheadrightarrow \mathbf{11} < 22$
$\mathbf{11} \twoheadrightarrow 34 \twoheadrightarrow 17 \twoheadrightarrow 52 \twoheadrightarrow 26 \twoheadrightarrow 13 \twoheadrightarrow 40 \twoheadrightarrow 20 \twoheadrightarrow \mathbf{10} < 11$
$\mathbf{10} \twoheadrightarrow \mathbf{5} < 10$
$\mathbf{5} \twoheadrightarrow 16 \twoheadrightarrow 8 \twoheadrightarrow \mathbf{4} < 5$
$\mathbf{4} \rightarrow \mathbf{2} \rightarrow \mathbf{1}$ ciclo finale. (v. fig. 9)

fig. 9

Un tale procedimento è applicabile a $\forall\, n \in N: n \neq 0$ e n $\neq 1$.

Insomma, le infinite sequenze possono essere immaginate come una sorta di labirinto in cui le varie stanze numerate sono comunicanti fra di loro in maniera decrescente, secondo la regola imposta dall'algoritmo, fino ad arrivare al ciclo finale $4 \rightarrow 2 \rightarrow 1$ e trovare l'uscita.

La congettura di Siracusa, quindi, sarebbe dimostrata se si riuscisse a dimostrare che una qualsiasi successione contiene un valore minore del numero di partenza (numero generatore). Perché se ciò accade esso si aggancia a questo, il quale si aggancia a un altro minore di esso, e così via, fino a precipitare necessariamente a 1 (uscita del labirinto). O, come dire, l'orizzonte principale del numero generatore scende a successivi orizzonti inferiori fino a raggiungere il livello del mare. Ciò si può affermare con certezza per i numeri pari $n \in P \subset N$: $n = 2^p$ e per i numeri dispari $n \in D \subset N : n = (2^p-1)/3$. Per tutti gli altri numeri non si hanno certezze. Però la considerazione sopra esposta appare interessante e degna di ulteriori approfondimenti.

Approfondimenti

1)
Una successione numerica è un insieme infinito di valori generati da una legge matematica

$$f: n \rightarrow f(n)$$

e indicata con $S = a_0; a_1; a_2; \ldots; a_n; a_{n+1}; \ldots$.
Generalmente la funzione f ha per dominio l'insieme dei numeri naturali N (con o senza lo zero), mentre il codominio può essere lo stesso N o un altro insieme numerico. La funzione $f: n \rightarrow n/2$ ha per codominio l'insieme dei numeri razionali Q:

$$S = 0; 1/2; 1; 3/2; \ldots; n/2; (n+1)/2; \ldots$$

La funzione $f: n \rightarrow \sqrt{n}$ ha per codominio l'insieme dei numeri reali R:

$$S = 0; 1; \sqrt{2}; \sqrt{3}; 2; \sqrt{5}; \ldots; \sqrt{n}; \sqrt{(n+1)}; \ldots$$

Per definire una successione, quindi, si deve specificare un'espressione analitica del tipo $a_n = f(n)$ la quale, dopo un numero finito di operazioni matematiche, consente di calcolare il termine a_n della successione partendo dal valore di n. Se consideriamo la successione generata dall'algoritmo:
1) $a_1 = 1$ 2) $a_{n+1} = (a_n + 1)/a_n$
I suoi termini sono:

$a_1 = 1$
$a_2 = (1+1)/1 = 2$
$a_3 = (2+1)/2 = 3/2$
$a_4 = (3/2+1)/3/2 = 5/3$

$a_5 = (5/3+1)/5/3 = 8/5$

...

E così via.

Se i termini di una successione crescono al crescere dell'indice, cioè, se $i < j \Rightarrow a_i < a_j$ allora la successione è crescente. Se invece i termini di una successione decrescono al crescere dell'indice, cioè, se $i < j \Rightarrow a_i > a_j$ allora la successione è decrescente.

Per stabilire se una successione è crescente basta verificare che il termine generico è minore del suo successore, cioè: $a_n < a_{n+1}$. Per stabilire se una successione è decrescente basta verificare che il termine generico è maggiore del suo successore, cioè: $a_n > a_{n+1}$.

Successioni crescenti o decrescenti sono dette monotòne.

Una successione non monotòna è detta oscillante.

La successione $a_n = n/(n+1)$ è monotòna crescente.

I suoi elementi sono: 0; 1/2; 2/3; 3/4; 4/5; ... ; $n/(n+1)$; $(n+1)/(n+2)$; ... e risulta $a_n < a_{n+1}$. Infatti:

$n/(n+1) < (n+1)/(n+2) \rightarrow (n+1)/(n+2) - n/(n+1) > 0 \rightarrow (n+1)^2 - n(n+2) > 0 \rightarrow n^2+2n+1-n^2-2n > 0 \rightarrow 1 > 0$ vera.

Quindi $a_n < a_{n+1}$ è sempre vera.

Alcune successioni diventano monotòne da un certo termine in avanti. Per esempio la successione generata dall'espressione analitica $a_n = n^2-6n$ ha come valori:

0; -5; -8; -9; -8; -5; 0; 7; 16; 27; ...

la quale dal termine $a_3 = -9$ risulta monotòna crescente.

Infatti per $n \geq 3 \rightarrow a_n < a_{n+1} \rightarrow n^2-6n < (n+1)^2-6(n+1) \rightarrow n^2-6n < n^2+2n+1-6n-6 \rightarrow 2n-5 > 0$ la quale essendo $n \geq 3$

è sempre vera.

2)
Il principio di induzione è una importante tecnica dimostrativa frequentemente usata in matematica. Essa permette di dimostrare che una proposizione p è vera se risulta vera $p(1)$, e supposta vera $p(n)$, si dimostra vera $p(n+1)$. Cioè:

Se:
1) $p(1)$ è vera
2) $p(n)$ è vera per ipotesi.
3) $p(n+1)$ è vera per dimostrazione
Allora: la proposizione $p(n)$ è vera $\forall n \in N$.

Vediamo di chiarire il principio di induzione con un esempio.
Dimostrare che la proposizione p: la somma dei primi n numeri naturali (escluso lo zero) è:
$s(n) = n(n+1)/2$.
$p(1)$ è vera. Infatti $s(1) = 1 \cdot (1+1)/2 = 1 \cdot 2/2 = 1$
$p(2)$ è vera. Infatti $s(2) = 1+2 = 2 \cdot (2+1)/2 = 6/2 = 3$.
$p(3)$ è vera. Infatti $s(3) = 1+2+3 = 3 \cdot (3+1)/2 = 12/2 = 6$
…
Ma così procedendo dovremmo eseguire infinite verifiche sulla veridicità della proposizione p. Applichiamo il principio di induzione.
1) $p(1)$ è vera
2) $p(n)$ è supposta vera

3) dimostriamo che è vera $p(n+1)$ cioè che $s(n+1) = 1+2+3+4+ \ldots +n+(n+1) = (n+1)(n+2)/2$.

Avendo supposta vera $s(n) = 1+2+3+4+ \ldots +n = n(n+1)/2$ aggiungendo ad ambo i membri dell'uguaglianza $(n+1)$ si ha: $s(n+1) = 1+2+3+4+ \ldots +n+(n+1)= n(n+1)/2 + (n+1) = [n(n+1)+2(n+1)]/2 = (n+1)(n+2)/2$

Risultando vera $p(n+1)$ allora la proposizione $p(n)$ è vera $\forall \ n \in N$. C.V.D.

Il principio di induzione è evidente ma non dimostrabile. Esso è un assioma, il quinto postulato, formulato da Giuseppe Peano (Spinetta (Cuneo) 1858 – Torino 1932) nella sua teoria sulla assiomatizzazione dell'aritmetica.

Talvolta la proprietà (o proposizione) che si vuole dimostrare vale solo per gli interi naturali maggiori di un certo n_0. In questo caso il principio di induzione si può formulare assumendo come dominio $N^* = \{\forall \ n \in N: n > n_0\}$.

3)

Un procedimento ricorsivo è un procedimento che fa riferimento a se stesso ma non dà luogo a un circolo vizioso. Affinché sia proficuo è necessario che la catena di auto-riferimenti giunga a termine. Una successione si dice ricorsiva se $a_1 = f(a_0)$; $a_2 = f(a_1)$; $\ldots$; $a_n = f(a_{n-1})$; $\ldots$.

Un procedimento iterativo è un procedimento basato sulla ripetizione di una o più operazioni matematiche per un numero finito di volte. Una successione si dice iterativa se fissato $a_0 = k$, allora: $a_1 = f(k)$ o $a_1 = g(k)$ o $\ldots$; $a_2 = f(a_1)$ o

$a_2 = g(a_2)$ o ...; $a_n = f(a_{n-1})$ o $a_n = g(a_{n-1})$, ... ; ... . Il primo elemento k è il generatore della successione. Le successioni ottenute dall'algoritmo di Collatz sono iterative.

4)

Se indichiamo con p un numero pari e d un numero dispari, valgono le seguenti regole:

$p_1 + p_2 = p_3$

$p + d = d$

$d_1 + d_2 = p$

$p_1 \cdot p_2 = p_3$

$p \cdot d = p$

$d_1 \cdot d_2 = d_3$

Dimostrazione della congettura di Siracusa

Abbiamo visto che le successioni generate dall'algoritmo di Collatz sono oscillanti, escluse quelle il cui numero generatore è potenza di 2. Queste ultime sono monotòne decrescenti e precipitano a 1 dopo un numero di passi valutabile a priori. Per le successioni oscillanti abbiamo riscontrato che esse precipitano sicuramente a 1 se un termine della successione, generata da un generico numero n, assume un valore minore di n, cioè al di sotto dell'orizzonte di n che possiamo indicare con $o(n)$.

Indicato con n_i tale valore ($n_i < n$; $o(n_i)$ inferiore di $o(n)$), la successione generata da n si aggancia a quella generata da n_i, la quale, a sua volta, si aggancia a quella di $n_j < n_i$ ($o(n_j)$ inferiore di $o(n_i)$), la quale ... ..., e quindi precipita sicuramente a 1, uscendo dal labirinto, o, come dire, raggiunge il livello del mare. Ci domandiamo: ciò accade in tutte le successioni? In una qualsiasi successione c'è sempre un termine che assume un valore minore del generatore, cioè del numero che l'ha generata? Ciò è certamente vero per i numeri pari. Per essi il primo elemento della successione è n/2, e n/2 < n. Se, invece, il numero generatore è dispari allora il primo elemento della successione è 3n+1, il quale, in virtù dell'algoritmo, è sicuramente pari e quindi divisibile per 2. Cioè: $3n+1 \rightarrow (3n+1)/2$. A meno che esso non sia del tipo $(3n+1)/2 = 2^p$ o $(3n+1)/2 = (2^p-1)/3$ (n $\in D \subset N$), risulta $(3n+1)/2 > n$, com'è facile verificare. Se però 3n+1 fosse doppiamente pari (due volte divisibile per due, o, come dire, divisibile per 4), o triplamente pari (tre volte divisibile per 2, o, come dire, divisibile per 8), allora $(3n+1)/4 < n$ e $(3n+1)/8 < n$ sarebbero sicuramente vere.

Teorema 2n+3

Applichiamo il principio di induzione alla seguente proposizione p:

Qualsiasi successione generata dall'algoritmo di Collatz contiene sempre un termine minore del suo generatore.

Per quanto prima detto la proposizione p è vera per i numeri naturali $P \subset N$. Prendiamo allora in esame solo i numeri generatori dispari con l'esclusione di 1, il quale genera il ciclo finale $\{4; 2; 1\}$ e quindi è banale. Indichiamo il generico numero dispari con $2n+1$ e il suo successore con $2n+3$. Il principio di induzione si traduce nei seguenti passaggi:

1) $p(3)$ è vera. Infatti: $S(3)$: $3 \to 10 \to 5 \to 16 \to 8 \to 4 \to 2 < 3$
2) supponiamo vera $p(2n+1)$, quindi $\exists\ a_n \in S(2n+1)$: $a_n < 2n+1$
3) dimostriamo che anche $p(2n+3)$ è vera.

Tenendo presente che nelle successioni generate dall'algoritmo di Collatz un qualsiasi numero dispari ha come successore un numero pari, avremo:

$p(2n+3)$: $2n+3 \to 3(2n+3)+1 = 6n+10 \to 3n+5$.

$3n+5$ può essere pari o dispari.

a) Se 3n+5 è pari, allora 3n+5 $\to$ (3n+5)/2 < 2n+1 (3n+5< 4n+2 da cui n − 3 > 0 vera per n > 3), allora p(2n+3) è vera essendo vera p(2n+1). Infatti: (3n+5)/2 < 2n+1 < 2n+3 $\to$ (3n+5)/2 < 2n+3

Ma 3n+5 è pari se n $\in$ D = {1; 3; 5; 7; 9; 11, 13; 15; … ; 2n-1; 2n+1; …}.

Ne consegue che la p(2n+3) è vera in D_1 = **{5; 9; 13; 17; 21; 25; 29; 33; … ; 4n+1; 4n+5; …}.**

b) Se 3n+5 è dispari, allora: 3n+5 $\to$ 3(3n+5)+1 = 9n+16, il quale essendo pari in virtù dell'algoritmo, 9n+16 $\to$ (9n+16)/2, il quale potrebbe essere pari o dispari.

b1) Se (9n+16)/2 è pari, allora (9n+16)/2 $\to$ (9n+16)/4 < 4n+2 = 2(2n+1). Se ciò accade p(2n+3) è vera essendo vera p(2n+1). E ciò accade se (9n+16)/2 è almeno doppiamente pari (divisibile per 4). Infatti: (9n+16)/2 $\to$ (9n+16)/4 $\to$ (9n+16)/8 < 2n+1 < 2n+3 $\to$ (9n+16)/8 < 2n+3.

Ma (9n+16)/2 è pari per n $\in$ P_1 = {4; 8, 12, 16, 20, 24; 28; 32; …; 4n; 4n+4; …}, quindi nel suo ciclo iterativo c'è sempre un termine divisibile almeno per 4. Ne consegue che la p(2n+3) è vera in: D_2 = **{11; 19; 27; 35; 43; 51; 59; 67; …; 8n+3; 8n+11; …}.**

b2) Se (9n+16)/2 è dispari, allora (9n+16)/2 $\to$ 3((9n+16)/2)+1 = (27n+48)/2+1 = (27n+50)/2, il quale essendo pari in virtù dell'algoritmo: (27n+50)/2 $\to$ (27n+50)/4 < 8n+4 = 4(2n+1). Se ciò accade p(2n+3) è vera essendo vera $p(2n+1)$. E ciò accade se $(27n+50)/2$ è almeno triplamente pari (divisibile per 8). Infatti $(27n+50)/2$ $\rightarrow$ $(27n+50)/4$ $\rightarrow$ $(27n+50)/8$ $\rightarrow$ $(27n+50)/16 < 2n+1 <$ $2n+3$ $\rightarrow$ $(27n+50)/16 < 2n+3$. Ma $(27n+50)/2$ è pari per $n \in P_2 = \{2; 6; 10; 14; 18; 22; 26; 30; \dots; 4n-2; 4n+2;$ $\dots\}$, quindi nel suo ciclo iterativo c'è sempre un termine divisibile almeno per 8.

Ma $(9n+16)/2$ è dispari per $n \in P_2 = \{2; 6; 10; 14; 18; 22;$ $26; 30; \dots; 4n-2; 4n+2; \dots\}$. Ne consegue che la $p(2n+3)$ è vera in $D_3 = \{7; 15; 23; 31; 39; 47; 55; 63; \dots; 8n-1;$ $8n+7; \dots\}$.

Abbiamo individuato tre insiemi di numeri dispari in cui la $p(2n+3)$ è vera. Essi sono:

$D_1 = \{5; 9; 13; 17; 21; 25; 29; 33; \dots ; 4n+1; 4n+5; \dots\}$
$D_2 = \{11; 19; 27; 35; 43; 51; 59; 67; \dots; 8n+3; 8n+11;$ $\dots\}$
$D_3 = \{7; 15; 23; 31; 39; 47; 55; 63; \dots; 8n-1; 8n+7; \dots\}$

Ma $D_1 \cup D_2 \cup D_3 = D^* = \{5; 7; 9; 11; 13; 15; 17; 19;$ $21; 23; 25; 27; 29; 31; \dots; 2n+1; 2n+3; \dots\} = D - \{1; 3\}$, con 1 generatore del ciclo finale e quindi banale e la $p(3)$ verificata vera nella 1) del principio di induzione.

Possiamo perciò concludere che la $p(2n+3)$ è vera per tutti i numeri dispari D.

Avendo visto che la proposizione $p(n)$ risulta vera per i numeri pari P, avendo dimostrato che è vera per i numeri dispari D, essendo P $\cup$ D = N (v. fig. 10) allora la $p(n)$ è vera $\forall$ n $\in$ N. $\to$ C.V.D.

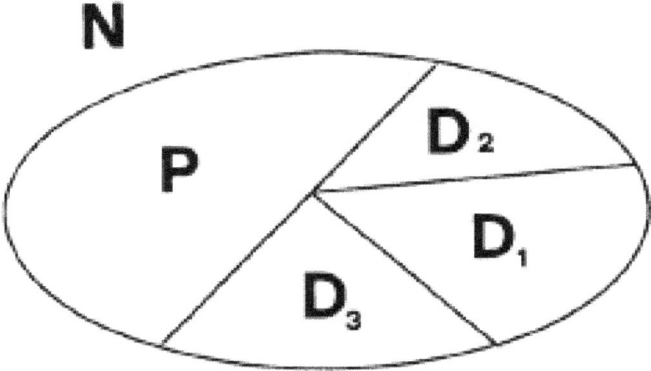

fig. 10

Teorema 2n+1

Nella dimostrazione precedente che risolve la congettura di Siracusa è stato applicato il principio di induzione, ma esso può essere evitato prendendo in considerazione il generico numero dispari 2n+1 e procedendo in maniera perfettamente analoga.

Enunciato:
Qualsiasi successione generata dall'algoritmo di Collatz applicato a un generico numero dispari 2n+1 contiene sempre un termine a_n minore del suo generatore.

Dimostrazione:
Tenendo presente che nelle successioni generate dall'algoritmo di Collatz un qualsiasi numero dispari ha come successore un numero pari, avremo:

$$2n+1 \rightarrow 3(2n+1)+1 = 6n+4 \rightarrow 3n+2.$$

$3n+2$ può essere pari o dispari.

a) Se $3n+2$ è pari, allora $3n+2 \rightarrow (3n+2)/2 < 2n+1$
($3n+2 < 4n+2$, da cui $n > 0$ sempre vera).
Ma $3n+2$ è pari se $n \in P = \{2; 4; 6; 8; 10; 12; 14; 16; ... ; 2n; 2n+2; ... \}$.
Ne consegue che $2n+1$ è in $D_1 = \{$**5; 9; 13; 17; 21; 25; 29; 33; ... ; 4n+1; 4n+5; ...**$\}$.
b) Se $3n+2$ è dispari, allora: $3n+2 \rightarrow 3(3n+2)+1 = 9n+7$,

il quale essendo pari in virtù dell'algoritmo, $9n+7 \rightarrow$ $(9n+7)/2$, il quale potrebbe essere pari o dispari.

b1) Se $(9n+7)/2$ è pari, allora $(9n+7)/2 \rightarrow (9n+7)/4 <$ $4n+2 = 2(2n+1) \rightarrow (9n+7)/8 < 2n+1$. E ciò accade se $(9n+7)/2$ è almeno doppiamente pari (divisibile per 4). Infatti: $(9n+7)/2 \rightarrow (9n+7)/4 \rightarrow (9n+7)/8 < 2n+1$. Ma $(9n+7)/2$ è pari per $n \in D_1 = \{1; 5; 9; 13; 17; 21; 25;$ $29; \ldots; 4n+1; 4n+5; \ldots\}$, quindi nel suo ciclo iterativo c'è sempre un termine divisibile almeno per 4. Ne consegue che $2n+1$ è in $D_2 = \{\mathbf{3; 11; 19; 27; 35; 43;}$ $\mathbf{51; 59; \ldots; 8n+3; 8n+11; \ldots}\}$.

b2) Se $(9n+7)/2$ è dispari, allora $(9n+7)/2 \rightarrow$ $3((9n+7)/2)+1 = (27n+21)/2+1 = (27n+23)/2$, il quale essendo pari in virtù dell'algoritmo: $(27n+23)/2 \rightarrow$ $(27n+23)/4 < 8n+4 = 4(2n+1) \rightarrow (27n+23)/16 < 2n+1$. E ciò accade se $(27n+23)/2$ è almeno triplamente pari (divisibile per 8). Infatti $(27n+23)/2 \rightarrow (27n+23)/4 \rightarrow$ $(27n+23)/8 \rightarrow (27n+23)/16 < 2n+1$. Ma $(27n+23)/2$ è pari per $n \in D_4 = \{3; 7; 11; 15; 19; 23; 27; 31; \ldots ; 4n-$ $1; 4n+3; \ldots\}$, quindi nel suo ciclo iterativo c'è sempre un termine divisibile almeno per 8. Ma $(9n+7)/2$ è dispari per $n \in D_4 = \{3; 7; 11; 15; 19; 23;$ $27; 31; \ldots ; 4n-1; 4n+3; \ldots\}$. Ne consegue che $2n+1$ è in $D_3 = \{\mathbf{7; 15; 23; 31; 39; 47;}$ $\mathbf{55; 63; \ldots; 8n-1; 8n+7; \ldots}\}$.

Abbiamo individuato tre insiemi di numeri dispari nei

cui cicli iterativi c'è sempre un termine $a_n < 2n+1$. Essi sono:

$D_1 = \{5; 9; 13; 17; 21; 25; 29; 33; \dots ; 4n+1; 4n+5; \dots\}$

$D_2 = \{3; 11; 19; 27; 35; 43; 51; 59; \dots; 8n+3; 8n+11; \dots\}$

$D_3 = \{7; 15; 23; 31; 39; 47; 55; 63; \dots; 8n-1; 8n+7; \dots\}$

Ma $D_1 \cup D_2 \cup D_3 = D^* = \{3; 5; 7; 9; 11; 13; 15; 17; 19; 21; 23; 25; 27; 29; 31; \dots; 2n+1; 2n+3; \dots\} = D - \{1\}$, con 1 generatore del ciclo finale e quindi banale.

Possiamo perciò concludere che $\exists\, a_n \in S(2n+1): a_n < 2n+1$, $\forall\, (2n+1) \in D \rightarrow$ C.V.D.

Note esplicative

a)

Le dimostrazioni del teorema 2n+1 e del teorema 2n+3, $\forall$ n $\in$ N: n $\neq$ 0, presuppongono la condizione che nei cicli iterativi dei numeri dispari, ottenuti applicando l'algoritmo di Collatz, ci siano termini o almeno doppiamente pari o almeno triplamente pari che diventano minori del numero generatore, cioè: $\exists$ a_n $\in$ S(2n+1): a_n < 2n+1, $\exists$ a_n $\in$ S(2n+3): a_n < 2n+3, ma ciò, per quanto esposto (prima o poi anche nei cicli molto lunghi), è sempre vero. Le formule che lo attestano, ricavate dalle dimostrazioni, sono qui di seguito elencate e chiarite.

Teorema 2n+1

2n+1 $\in$ D_1 = {5; 9; 13; 17; …; **4n+1**; …}, 3n+2 è pari se n $\in$ P = {2; 4; 6; 8; …; **2n**; …}.

Esempi:

n = 2 $\rightarrow$ 2n+1 = 5 e **3n+2** = 8 $\rightarrow$ **4** < 5
n = 4 $\rightarrow$ 2n+1 = 9 e **3n+2** = 14 $\rightarrow$ **7** < 9
n = 6 $\rightarrow$ 2n+1 = 13 e **3n+2** = 20 $\rightarrow$ **10** < 13
n = 8 $\rightarrow$ 2n+1 = 17 e **3n+2** = 26 $\rightarrow$ **13** < 17
… …
n = **2n** $\rightarrow$ 2n+1 = **4n+1** e 3n+2 = **3(2n)+2** = 6n+2 $\rightarrow$ **3n+1** < 4n+1
… …

$2n+1 \in D_2 = \{3; 11; 19; 27; \ldots; 8n+3; \ldots\}$, $(9n+7)/2$ è almeno doppiamente pari se $n \in D_1 = \{1; 5; 9; 13; \ldots; 4n+1; \ldots\}$. Ciò accade se $(9(4n+1)+7)/2 = 18n+8 \rightarrow 9n+4$ è pari, e ciò accade se $n \in P = \{2; 4; 6; 8; \ldots; 2n; \ldots\}$.

Esempi:
$n = 2 \rightarrow 8n+3 = 19$ e $4n+1 = 9 \rightarrow (9n+7)/2 = 44 \rightarrow 22 \rightarrow 11 < 19$
$n = 4 \rightarrow 8n+3 = 35$ e $4n+1 = 17 \rightarrow (9n+7)/2 = 80 \rightarrow 40 \rightarrow 20 < 35$
$n = 6 \rightarrow 8n+3 = 51$ e $4n+1 = 25 \rightarrow (9n+7)/2 = 116 \rightarrow 58 \rightarrow 29 < 51$
$n = 8 \rightarrow 8n+3 = 67$ e $4n+1 = 33 \rightarrow (9n+7)/2 = 152 \rightarrow 76 \rightarrow 38 < 67$
… …
$n = 2n \rightarrow 8n+3 = 16n+3$ e $4n+1 = 8n+1 \rightarrow (9(8n+1)+7)/2 = 36n+8 \rightarrow 18n+4 \rightarrow 9n+2 < 16n+3$
… …
Ulteriori analisi sui cicli dei collegamenti dei numeri dispari in D_2 sono svolte nella nota b) e nella nota c2).

$2n+1 \in D_3 = \{7; 15; 23; 31; \ldots; 8n-1; \ldots\}$, $(27n+23)/2$ è almeno triplamente pari se $n \in D_4 = \{3; 7; 11; 15; \ldots; 4n-1; \ldots\}$. Ciò accade se $(27(4n-1)+23)/2 = 54n-2 \rightarrow 27n-1$ è doppiamente pari, e ciò accade se $n \in D_4 = \{3; 7; 11; 15; \ldots; 4n-1; \ldots\}$.

Esempi:

n = 3 → 8n-1 = **23** e **4n-1** = 11 → **(27n+23)/2** = 160 → 80 → 40 → **20** < 23

n = 7 → 8n-1 = **55** e **4n-1** = 27 → **(27n+23)/2** = 376 → 188 → 94 → **47** < 55

n = 11 → 8n-1 = **87** e **4n-1** = 43 → **(27n+23)/2** = 592 → 296 → 148 → **74** < 87

n = 15 → 8n-1 = **119** e **4n-1** = 59 → **(27n+23)/2** = 808 → 404 → 202 → **101** < 119

… …

n = **4n-1** → 8n-1 = **32n-9** e **4n-1** = **16n-5** → **(27(16n-5)+23)/2** = 216n-56 → 108n-28 → 54n-14 → **27n-7** < 32n-9

… …

Ulteriori analisi sui cicli dei collegamenti dei numeri dispari in D_3 sono svolte nella nota b) e nella nota c3).

Teorema 2n+3

2n+3 ∈ D_1 = {5; 9; 13; 17; …; **4n+1**; …}, **3n+5** è pari se n ∈ D = {1; 3; 5; 7; …; **2n-1**; …}.

2n+3 ∈ D_2 = {11; 19; 27; 35; …; **8n+3**; …}, **(9n+16)/2** è almeno doppiamente pari se n ∈ P_1 = {4; 8; 12; 16; …; **4n**; …}. Ciò accade se (9(**4n**)+16)/2 = 18n+8 → 9n+4 è pari, e ciò accade se n ∈ P = {2; 4; 6; 8; …; **2n**; …}.

2n+3 ∈ D_3 = {7; 15; 23; 31; …; **8n-1**; …}, **(27n+50)/2** è almeno triplamente pari se n ∈ P_2 = {2; 6; 10; 14; …; **4n-**

2; …}. Ciò accade se $(27(4n-2)+50)/2 = 54n-2 \to 27n-1$ è doppiamente pari, e ciò accade se $n \in D_4 = \{3; 7; 11; 15; …; \mathbf{4n-1}; …\}$.

Gli esempi fatti per il teorema 2n+1 valgono anche per il teorema 2n+3. Come vedremo nel paragrafo Appendice è indifferente applicare le formule ricavate dall'uno o dall'altro. Qui ci limitiamo a convalidare l'asserzione nei casi generali.

$n = \mathbf{2n-1} \to 2n+3 = \mathbf{4n+1}$ e $3(2n-1)+5 = 6n+2 \to \mathbf{3n+1} < 4n+1$

$n = \mathbf{2n} \to 8n+3 = \mathbf{16n+3}$ e $4n = 8n \to (9(8n)+16)/2 = 36n+8 \to 18n+4 \to \mathbf{9n+2} < 16n+3$

$n = \mathbf{4n-1} \to 8n-1 = \mathbf{32n-9}$ e $4n-2 = 16n-6 \to (27(16n-6)+50)/2 = 216n-56 \to 108n-28 \to 54n-14 \to \mathbf{27n-7} < 32n-9$

b)
Nelle dimostrazioni abbiamo individuato tre insiemi di numeri dispari.
$D_1 = \{5; 9; 13; 17; 21; 25; 29; 33; … ; 4n+1; 4n+5; …\}$
$D_2 = \{11; 19; 27; 35; 43; 51; 59; 67; …; 8n+3; 8n+11; …\}$
$D_3 = \{7; 15; 23; 31; 39; 47; 55; 63; …; 8n-1; 8n+7; …\}$

Verifichiamo i teoremi per alcuni valori in D_1:

$5 \to 16 \to 8 \to 4 < 5$, il ciclo del 5 si collega a quello del 4.
$9 \to 28 \to 14 \to 7 < 9$, il ciclo del 9 si collega a quello del

7 in D_3.

$13 \rightarrow 40 \rightarrow 20 \rightarrow 10 < 13$, il ciclo del 13 si collega a quello del 10.

$17 \rightarrow 52 \rightarrow 26 \rightarrow 13 < 17$, il ciclo del 17 si collega a quello del 13 in D_1.

$21 \rightarrow 64 \rightarrow 32 \rightarrow 16 < 21$, il ciclo del 21 si collega a quello del 16.

$25 \rightarrow 76 \rightarrow 38 \rightarrow 19 < 25$, il ciclo del 25 si collega a quello del 19 in D_2.

$29 \rightarrow 88 \rightarrow 44 \rightarrow 22 < 29$, il ciclo del 29 si collega a quello del 22.

$33 \rightarrow 100 \rightarrow 50 \rightarrow 25 < 33$, il ciclo del 33 si collega a quello del 25 in D_1.

$37 \rightarrow 112 \rightarrow 56 \rightarrow 28 < 37$, il ciclo del 37 si collega a quello del 28.

$41 \rightarrow 124 \rightarrow 62 \rightarrow 31 < 41$, il ciclo del 41 si collega a quello del 31 in D_3.

$45 \rightarrow 136 \rightarrow 68 \rightarrow 34 < 45$, il ciclo del 45 si collega a quello del 34.

$49 \rightarrow 148 \rightarrow 74 \rightarrow 37 < 49$, il ciclo del 49 si collega a quello del 37 in D_1.

$53 \rightarrow 160 \rightarrow 80 \rightarrow 40 < 53$, il ciclo del 53 si collega a quello del 40.

$57 \rightarrow 172 \rightarrow 86 \rightarrow 43 < 57$, il ciclo del 57 si collega a quello del 43 in D_2.

$61 \rightarrow 184 \rightarrow 92 \rightarrow 46 < 61$, il ciclo del 61 si collega a quello del 46.

$65 \rightarrow 196 \rightarrow 98 \rightarrow 49 < 65$, il ciclo del 65 si collega a quello del 49 in D_1.

$69 \to 208 \to 104 \to 52 < 69$, il ciclo del 69 si collega al ciclo del 52.

$73 \to 220 \to 110 \to 55 < 73$, il ciclo del 73 si collega al ciclo del 55 in D_3.

… …

Osserviamo che per i numeri dispari in D_1 i collegamenti dei cicli si alternano tra pari e dispari, e i dispari si avvicendano rispettando l'alternanza: D_1, D_2, D_1, D_3, D_1, … .

Verifichiamo i teoremi per alcuni valori in D_2 :

$11 \to 34 \to 17 \to 52 \to 26 \to 13 \to 40 \to 20 \to 10 < 11$, il ciclo del 11 si collega a quello del 10. È da notare che $40 = 4 \cdot 10$.

$19 \to 58 \to 29 \to 88 \to 44 \to 22 \to 11 < 19$, il ciclo del 19 si collega a quello del 11 in D_2. È da notare che $44 = 4 \cdot 11$.

$27 \to 82 \to 41 \to 124 \to 62 \to 31$ (da questo valore si aggancia al ciclo del 31 in D_3, il quale, come vedremo più avanti, si collega al ciclo del 23, quindi $23 < 27$), il ciclo del 27 si collega a quello del 23 in D_3.

$35 \to 106 \to 53 \to 160 \to 80 \to 40 \to 20 < 35$, il ciclo del 35 si collega a quello del 20. È da notare che $80 = 4 \cdot 20$.

$43 \to 130 \to 65 \to 196 \to 98 \to 49 \to 148 \to 74 \to 37 < 43$, il ciclo del 43 si collega a quello del 37 in D_1. È da notare che $148 = 4 \cdot 37$.

$51 \to 154 \to 77 \to 232 \to 116 \to 58 \to 29 < 51$, il ciclo del 51 si collega a quello del 29 in D_1. È da notare che $116 = 4 \cdot 29$.

$59 \to 178 \to 89 \to 268 \to 134 \to 67 \to 202 \to 101 \to 304 \to 152 \to 76 \to 38 < 59$, il ciclo del 59 si collega a quello del 38. È da notare che $152 = 4 \cdot 38$.

$67 \to 202 \to 101 \to 304 \to 152 \to 76 \to 38 < 67$, il ciclo del 67 si collega a quello del 38. È da notare che $152 = 4 \cdot 38$. Osserviamo che il ciclo de 67 è già presente in quello del 59.

$75 \to 226 \to 113 \to 340 \to 170 \to 85 \to 256 \to 128 \to 64 < 75$, il ciclo del 75 si collega a quello del 64. È da notare che $256 = 4 \cdot 64$.

$83 \to 250 \to 125 \to 376 \to 188 \to 94 \to 47 < 83$, il ciclo del 83 si collega a quello del 47 in D_3. È da notare che $188 = 4 \cdot 47$.

$91 \to 274 \to 137 \to \ldots \to 7288 \to \ldots \to 9232 \to \ldots \to 976 \to 488 \to 244 \to 122 \to 61 < 91$, il ciclo del 91 si collega a quello del 61 in D_1 dopo 74 passi. È da notare che $244 = 4 \cdot 61$.

$99 \to 298 \to 149 \to 448 \to 224 \to 112 \to 56 < 99$, il ciclo del 99 si collega a quello del 56. È da notare che $224 = 4 \cdot 56$.

$107 \to 322 \to 161 \to 484 \to 242 \to 121 \to 364 \to 182 \to 91 < 107$, il ciclo del 107 si collega a quello del 91 in D_2. È da notare che $364 = 4 \cdot 91$.

$115 \to 346 \to 173 \to 520 \to 260 \to 130 \to 65 < 115$, il ciclo del 115 si collega a quello del 65 in D_1. È da notare che $260 = 4 \cdot 65$.

$123 \to 370 \to 185 \to 556 \to 278 \to 139 \to 418 \to 209 \to 628 \to 314 \to 157 \to 472 \to 236 \to 118 < 123$, il ciclo del 123 si collega a quello del 118. È da notare che

$472 = 4 \cdot 118$.

$131 \to 394 \to 197 \to 592 \to 296 \to 148 \to 74 < 131$, il ciclo del 131 si collega a quello del 74. È da notare che $296 = 4 \cdot 74$.

... ...

Nei collegamenti dei cicli dei numeri dispari in D_2 non c'è una regola precisa. Al collegamento a un ciclo nei pari possono seguirne due nei dispari, al collegamento a un ciclo nei dispari possono seguirne due nei pari. Il collegamento a un ciclo nei pari può essere doppio, come nel caso del 38 al quale si collegano i numeri 59 e 67. Tante altre sono le possibili alternanze.

Verifichiamo i teoremi per alcuni valori in D_3:

$7 \to 22 \to 11 \to 34 \to 17 \to 52 \to 26 \to 13 \to 40 \to 20 \to 10 \to 5 < 7$, il ciclo del 7 si collega a quello del 5 in D_1. È da notare che $40 = 8 \cdot 5$.

$15 \to 46 \to 23 \to 70 \to 35 \to 106 \to 53 \to 160 \to 80 \to 40 \to 20 \to 10 < 15$, il ciclo del 15 si collega a quello del 10. È da notare che $80 = 8 \cdot 10$.

$23 \to 70 \to 35 \to 106 \to 53 \to 160 \to 80 \to 40 \to 20 < 23$, il ciclo del 23 si collega a quello del 20. È da notare che $160 = 8 \cdot 20$.

$31 \to 94 \to 47 \to 142 \to 71 \to 214 \to 107 \to 322 \to 161 \to 484 \to 242 \to 121 \to \ldots \to 182 \to 91 \to \ldots \to 61 \to 184 \to 92 \to 46 \to 23 < 31$, il ciclo del 31 si collega a quello del 23 in D_3 dopo 91 passi. È da notare che 184

= 8·23.

$39 \rightarrow 118 \rightarrow 59 \rightarrow 178 \rightarrow 89 \rightarrow 268 \rightarrow 134 \rightarrow 67 \rightarrow 202 \rightarrow 101 \rightarrow 304 \rightarrow 152 \rightarrow 76 \rightarrow 38 < 39$, il ciclo del 39 si collega a quello del 38. È da notare che 304 = 8·38.

$47 \rightarrow 142 \rightarrow 71 \rightarrow 214 \rightarrow 107 \rightarrow \ldots \rightarrow 91 \rightarrow \ldots \rightarrow 61 \rightarrow 184 \rightarrow 92 \rightarrow 46 < 47$, il ciclo del 47 si collega a quello del 46 dopo 88 passi. È da notare che 184 = 4·46 in quanto 61 è in D_1.

$55 \rightarrow 166 \rightarrow 83 \rightarrow 250 \rightarrow 125 \rightarrow 376 \rightarrow 188 \rightarrow 94 \rightarrow 47 < 55$, il ciclo del 55 si collega a quello del 47 in D_3. È da notare che 376 = 8·47.

$63 \rightarrow 190 \rightarrow 95 \rightarrow 286 \rightarrow 143 \rightarrow \ldots \rightarrow 91 \rightarrow \ldots \rightarrow 9232 \rightarrow \ldots \rightarrow 1300 \rightarrow 650 \rightarrow 325 \rightarrow 976 \rightarrow 488 \rightarrow 244 \rightarrow 122 \rightarrow 61 < 63$, il ciclo del 63 si collega a quello del 61 in D_1 dopo 88 passi. È da notare che 488 = 8·61.

$71 \rightarrow 214 \rightarrow 107 \rightarrow \ldots \rightarrow 91 \rightarrow \ldots \rightarrow 976 \rightarrow 488 \rightarrow 244 \rightarrow 122 \rightarrow 61 < 71$, il ciclo del 71 si collega anch'esso al ciclo del 61 in D_1 dopo 83 passi. È da notare che 488 = 8·61.

$79 \rightarrow 238 \rightarrow 119 \rightarrow 358 \rightarrow 179 \rightarrow 538 \rightarrow 269 \rightarrow 808 \rightarrow 404 \rightarrow 202 \rightarrow 101 \rightarrow 304 \rightarrow 152 \rightarrow 76 < 79$, il ciclo del 79 si collega a quello del 76. È da notare che 304 = 4·76 e 808 = 8·101.

$87 \rightarrow 262 \rightarrow 131 \rightarrow 394 \rightarrow 197 \rightarrow 592 \rightarrow 296 \rightarrow 148 \rightarrow 74 < 87$, il ciclo del 87 si collega a quello del 74. È da notare che 592 = 8·74.

$95 \rightarrow 286 \rightarrow 143 \rightarrow 430 \rightarrow 215 \rightarrow 646 \rightarrow 323 \rightarrow 970 \rightarrow 485 \rightarrow 1456 \rightarrow 728 \rightarrow 364 \rightarrow 182 \rightarrow 91 < 95$, il ciclo del 95 si collega a quello del 91 in D_2. È da notare che 728

= 8·91.

103 → 310 → 155 → 466 → 233 → 700 → 350 → ...
→ 334 → 167 → ... → 2158 → ... → 1300 → 650 →
325 → 976 → 488 → 244 → 122 → 61 < 103, il ciclo
del 103 si collega a quello del 61 in D_1 dopo 67 passi. È da
notare che 488 = 8·61.

111 → 334 → 167 → 502 → ... → 488 → 244 → 122
→ 61 < 111, il ciclo del 111 si collega a quello del 61 in
D_1 dopo 49 passi. È da notare che 488 = 8·61.

Anche nei collegamenti dei cicli dei numeri dispari in D_3
non c'è una regola precisa. Come avremo modo di vedere
nelle tavole dei collegamenti le alternanze sono svariate e
imprevedibili, però è interessante notare che ci sono collegamenti doppi al ciclo del 61 per i numeri 63 e 71, 103 e
111; e che ciò accade quando i cicli sono piuttosto lunghi.

c)
c1) Prendiamo in considerazione il generico numero dispari 4n+1 in D_1 e applichiamo ad esso l'algoritmo di Collatz: 4n+1 → 3(4n+1)+1 = 12n+4 → 6n+2 → **3n+1** <
4n+1.

Esempi:
Se n = 14 → 4n+1 = 57 e 3n+1 = 43 < 57.
Se n = 15 → 4n+1 = 61 e 3n+1 = 46 < 61.
... ...
Se n = 20 → 4n+1 = 81 e 3n+1 = 61 < 81.
Se n = 21 → 4n+1 = 85 e 3n+1 = 64 < 85.

... ...

Se n = 125 $\rightarrow$ 4n+1 = 501 e 3n+1 = 376 < 501.

... ...

c2) Prendiamo in considerazione il generico numero dispari 8n+3 in D_2 e applichiamo ad esso l'algoritmo di Collatz: 8n+3 $\rightarrow$ 3(8n+3)+1 = 24n+10 $\rightarrow$ 12n+5, il quale essendo dispari in D_1: 12n+5 $\rightarrow$ 3(12n+5)+1 = 36n+16 $\rightarrow$ 18n+8 $\rightarrow$ **9n+4**, il quale può essere pari o dispari.

Se **9n+4** è pari (e lo è per n pari): 9n+4 $\rightarrow$ (9n+4)/2 < 8n+3.

Se **9n+4** è dispari (e lo è per n dispari) si collega al ciclo di un dispari o in D_1 o in D_2 o in D_3.

Esempi:

Se n = 6 $\rightarrow$ 8n+3 = 51 e 12n+5 = 77 in D_1 e 9n+4 = 58 $\rightarrow$ 29 < 51.

Se n = 7 $\rightarrow$ 8n+3 = 59 e 12n+5 = 89 in D_1 e 9n+4 = 67 in D_2 $\rightarrow$ 202 $\rightarrow$ 101 in D_1 $\rightarrow$ 304 $\rightarrow$ 152 $\rightarrow$ 76 $\rightarrow$ 38 < 59.

Se n = 8 $\rightarrow$ 8n+3 = 67 e 12n+5 = 101 in D_1 e 9n+4 = 76 $\rightarrow$ 38 < 67.

Se n = 9 $\rightarrow$ 8n+3 = 75 e 12n+5 = 113 in D_1 e 9n+4 = 85 in D_1 $\rightarrow$ 256 $\rightarrow$ 128 $\rightarrow$ 64 < 75.

Se n = 10 $\rightarrow$ 8n+3 = 83 e 12n+5 = 125 in D_1 e 9n+4 = 94 $\rightarrow$ 47 < 83.

Se n = 11 $\rightarrow$ 8n+3 = 91 e 12n+5 = 137 in D_1 e 9n+4 = 103 in D_3 $\rightarrow$ 310 $\rightarrow$ 155 in D_2 $\rightarrow$ 466 $\rightarrow$ 233 in D_1 $\rightarrow$ ... $\rightarrow$ 319 in D_3 $\rightarrow$ ... $\rightarrow$ 325 in D_1 $\rightarrow$ 976 $\rightarrow$ 488 $\rightarrow$ 244 $\rightarrow$ 122 $\rightarrow$ 61 < 91.

… …

Se n = 26 $\to$ 8n+3 = 211 e 12n+5 = 317 in D_1 e 9n+4 = 238 $\to$ 119 < 211.

… …

c3) Prendiamo in considerazione il generico numero dispari 8n-1 in D_3 e applichiamo ad esso l'algoritmo di Collatz: 8n-1 $\to$ 3(8n-1)+1 = 24n-2 $\to$ **12n-1**, il quale è un dispari o in D_2 o in D_3. Allora applichiamo ancora l'algoritmo di Collatz: 12n-1 $\to$ 3(12n-1)+1 = 36n-2 $\to$ **18n-1**, il quale è un dispari o in D_1 o in D_2 o in D_3. Possiamo perciò concludere che il ciclo di un dispari in D_3 si collega al ciclo di un altro dispari o in D_1 o in D_2 o in D_3, quindi, per quanto dimostrato in c1) e c2), prima o poi, c'è un termine nel ciclo almeno triplamente pari che diventa minore del suo generatore 8n-1.

Esempi:
Se n = 5 $\to$ 8n-1 = 39 e 12n-1 = 59 in D_2 e 18n-1 = 89 in D_1 $\to$ 268 $\to$ 134 $\to$ 67 in D_2 $\to$ 202 $\to$ 101 in D_1 $\to$ 304 $\to$ 152 $\to$ 76 $\to$ 38 < 39.
Se n = 6 $\to$ 8n-1 = 47 e 12n-1 = 71 in D_3 e 18n-1 = 107 in D_2 $\to$ 322 $\to$ 161 in D_1 $\to$ … $\to$ 91 in D_2 $\to$ … $\to$ 103 in D_3 $\to$ … $\to$ 61 in D_1 $\to$ 184 $\to$ 92 $\to$ 46 < 47.
Se n = 7 $\to$ 8n-1 = 55 e 12n-1 = 83 in D_2 e 18n-1 = 125 in D_1 $\to$ 376 $\to$ 188 $\to$ 94 $\to$ 47 < 55
… …
Se n = 10 $\to$ 8n-1 = 79 e 12n-1 = 119 in D_3 e 18n-1 = 179 in D_2 $\to$ 538 $\to$ 269 in D_1 $\to$ 808 $\to$ 404 $\to$ 202 $\to$ 101

in $D_1 \to 304 \to 152 \to 76 < 79$.

Se $n = 11 \to 8n-1 = 87$ e $12n-1 = 131$ in D_2 e $18n-1 = 197$ in $D_1 \to 592 \to 296 \to 148 \to 74 < 87$

Se $n = 12 \to 8n-1 = 95$ e $12n-1 = 143$ in D_3 e $18n-1 = 215$ in $D_3 \to 646 \to 323$ in $D_2 \to 970 \to 485$ in $D_1 \to 1456 \to 728 \to 364 \to 182 \to 91 < 95$.

… …

Le formule ricavate in c1), c2) e c3), consentono di trovare il termine dal quale un qualsiasi numero dispari diventa minore di se stesso nel ciclo da esso generato. Il procedimento è chiarito negli esempi che seguono.

149 è in D_1 per $n = 37 \to 3n+1 = $ **112** < 149.

147 è in D_2 per $n = 18 \to 9n+4 = 166 \to $ **83** < 147.

143 è in D_3 per $n = 18 \to 18n-1 = 323$ in D_2 per $n = 40 \to 9n+4 = 364 \to 182 \to $ **91** < 143.

155 è in D_2 per $n = 19 \to 9n+4 = 175$ in D_3 per $n = 22 \to 18n-1 = 395$ in D_2 per $n = 49 \to 9n+4 = 445$ in D_1 per $n = 111 \to 3n+1 = 334 \to 167$ in D_3 per $n = 21 \to 18n-1 = 377$ in D_1 per $n = 94 \to 3n+1 = 283$ in D_1 per $n = 35 \to 9n+4 = 319$ in D_3 per $n = 40 \to 18n-1 = 719$ in D_3 per $n = 90 \to 18n-1 = 1619$ in D_2 per $n = 202 \to 9n+4 = 1822 \to 911$ in D_3 per $n = 114 \to 18n-1 = 2051$ in D_2 per $n = 256 \to 9n+4 = 2308 \to 1154 \to 577$ in D_1 per $n = 144 \to 3n+1 = 433$ in D_1 per $n = 108 \to 3n+1 = 325$ in D_1 per $n = 81 \to 3n+1 = 244 \to $ **122** < 155.

151 è in D_3 per $n = 19 \to 18n-1 = 341$ in D_1 per $n = 85 \to 3n+1 = 256 \to $ **128** < 151.

163 è in D_2 per n = 20 → 9n+4 = 184 → **92** < 163.
159 è in D_3 per n = 20 → 18n-1 = 359 in D_3 per n = 45 →
18n-1 = 809 in D_1 per n = 202 → 3n+1 = 607 in D_3 per n
= 76 → 18n-1 = 1637 in D_3 per n = 171 → 18n-1 = 3077
in D_1 per n = 769 → 3n+1 = 2308 → 1154 → 577 in D_1
per n = 144 → 3n+1 = 433 in D_1 per n = 108 → 3n+1 =
325 in D_1 per n = 81 → 3n+1 = 244 → **122** < 159.

Il labirinto di Siracusa

Abbiamo visto che le infinite successioni generate dall'algoritmo di Collatz costituiscono un labirinto inestricabile di stanze numerate nel quale sembrerebbe impossibile trovare l'uscita. Però con un po' di pazienza nel fare i calcoli, i teoremi dimostrati permettono sempre di trovare l'uscita partendo da una qualsiasi stanza di questo labirinto che chiameremo: *labirinto di Siracusa*.

In fig. 11 è riportata la strategia per uscire dal labirinto di Siracusa trovandoci nella stanza pari numero 104.

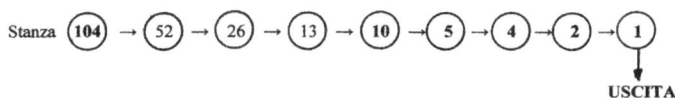

Stanza (104) → (52) → (26) → (13) → (10) → (5) → (4) → (2) → (1)
↓
USCITA

fig. 11

In fig. 12 è riportata la strategia per uscire dal labirinto di Siracusa trovandoci nella stanza pari numero 196.

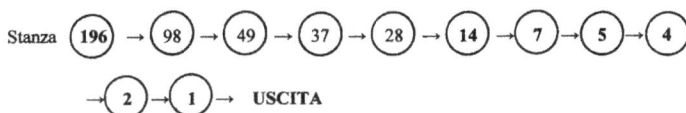

Stanza (196) → (98) → (49) → (37) → (28) → (14) → (7) → (5) → (4)
→ (2) → (1) → USCITA

fig. 12

In fig. 13 è riportata la strategia per uscire dal labirinto di Siracusa trovandoci nella stanza pari numero 248.

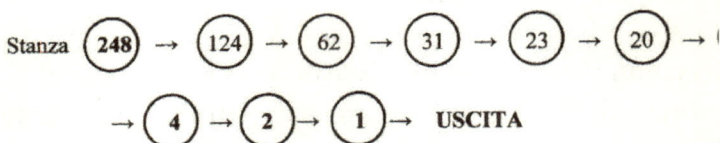

Stanza (248) → (124) → (62) → (31) → (23) → (20) → ⌐

→ (4) → (2) → (1) → USCITA

fig. 13

In fig. 14 è riportata la strategia per uscire dal labirinto di Siracusa trovandoci nella stanza pari numero 1008.

Stanza (1008) → (504) → (252) → (126) → (63) → (61) → (46) →

(23) → (20) → (10) → (5) → (4) → (2) → (1) → USCITA

fig. 14

In fig. 15 è riportata la strategia per uscire dal labirinto di Siracusa trovandoci nella stanza dispari numero 99.

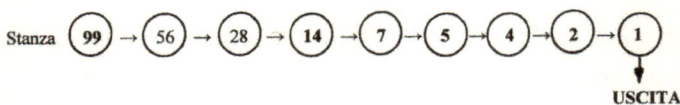

Stanza (99) → (56) → (28) → (14) → (7) → (5) → (4) → (2) → (1)

↓

USCITA

fig. 15

In fig. 16 è riportata la strategia per uscire dal labirinto di Siracusa trovandoci nella stanza dispari numero 101.

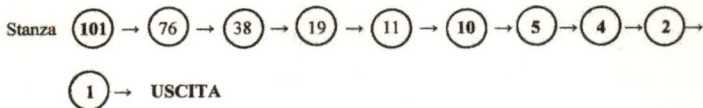

Stanza (101) → (76) → (38) → (19) → (11) → (10) → (5) → (4) → (2) →

(1) → USCITA

fig. 16

In fig. 17 è riportata la strategia per uscire dal labirinto di Siracusa trovandoci nella stanza dispari numero 257.

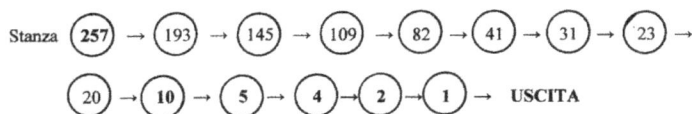

Stanza $257 \rightarrow 193 \rightarrow 145 \rightarrow 109 \rightarrow 82 \rightarrow 41 \rightarrow 31 \rightarrow 23 \rightarrow$

$20 \rightarrow 10 \rightarrow 5 \rightarrow 4 \rightarrow 2 \rightarrow 1 \rightarrow$ USCITA

fig. 17

In fig. 18 è riportata la strategia per uscire dal labirinto di Siracusa trovandoci nella stanza dispari numero 1947.

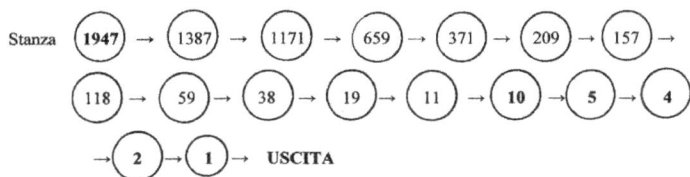

Stanza $1947 \rightarrow 1387 \rightarrow 1171 \rightarrow 659 \rightarrow 371 \rightarrow 209 \rightarrow 157 \rightarrow$

$118 \rightarrow 59 \rightarrow 38 \rightarrow 19 \rightarrow 11 \rightarrow 10 \rightarrow 5 \rightarrow 4$

$\rightarrow 2 \rightarrow 1 \rightarrow$ USCITA

fig. 18

La soluzione della congettura di Siracusa permette di trovare l'uscita partendo da una qualsiasi stanza del suo labirinto infinito.

Nota:
In tutti i cicli dei collegamenti, il ciclo finale (ultimi cinque termini = quattro passi) per uscire dal labirinto di Siracusa è: **{10; 5; 4; 2; 1}**; o, più raramente, **{7; 5; 4; 2; 1}**; a meno che nel ciclo non compaia un termine pari del tipo 2^p, o un termine dispari del tipo $(2^p-1)/3$. In questo caso i successivi passi sono valutabili a priori, e gli ultimi quattro passi sono: $16 \rightarrow 8 \rightarrow 4 \rightarrow 2 \rightarrow 1 = $ **{16;**

8; 4; 2; 1}.
Un altro ciclo finale nei cicli dei collegamenti è {12; 6; 3; 2; 1}. Tale ciclo è anomalo, in quanto si presenta esclusivamente se i numeri generatori sono del tipo n = $3 \cdot 2^p \in$ I(3) = {3; 6; 12; 24; 48; 96; 192; 384; …; $3 \cdot 2^p$; $3 \cdot 2^{(p+1)}$; …}. Gli n $\in$ I(3) non compaiono in nessun altro ciclo iterativo. Non in quelli generati dai numeri pari, infatti: se n $\in$ P, allora n $\rightarrow$ n/2, se n/2 = $3 \cdot 2^p$ risulta n = $2 \cdot 3 \cdot 2^p$ = $3 \cdot 2^{(p+1)} \in$ I(3). Non in quelli generati dai numeri dispari: infatti se n $\in$ D allora n $\rightarrow$ 3n+1, se 3n+1 = $3 \cdot 2^p$ risulta n = $(3 \cdot 2^p - 1)/3$ = $2^p - 1/3$ il che è impossibile.

L'unico numero dispari in I(3) è il 3, il quale, come già visto, genera la sequenza: 3 $\rightarrow$ 10 $\rightarrow$ 5 $\rightarrow$ 16 $\rightarrow$ 8 $\rightarrow$ 4 $\rightarrow$ 2 < 3. Nel labirinto di Siracusa questo ciclo anomalo, fino al valore 3, può essere considerato come una sequenza infinita di stanze pari, numerate una doppio dell'altra, allineate su un lunghissimo corridoio perfettamente diritto che non è comunicante con nessuna altra stanza del labirinto. Nella metafora della discesa al mare descritta nel paragrafo che segue, invece, può essere interpretato tale a un fiume che sfocia al mare senza avere affluenti né essere immissario. Per n ≥ 3 tutte le successioni generate dai numeri n = $3 \cdot 2^p \in$ I(3) sono monotòne decrescenti tali che $a_n = a_{n-1}/2$. Se, per esempio, il numero generatore è n = $3 \cdot 2^{10}$ = 3072 si ha S(3072) = {3072; 1536; 768; 384; 192; 96; 48; 24; 12; 6; 3}.

Discesa al mare

Se anziché usare la metafora del labirinto, usassimo quella della discesa al mare, gli esempi di cui sopra si traducono in altrettanti grafici. Ci limitiamo a rappresentare soltanto quelli relativi al numero pari 104 e ai numeri dispari 99 e 101. Gli altri cicli contengono un numero di passi, seppure finito, troppo grande per poter essere rappresentati in un grafico. C'è da tener presente che il ciclo finale $\{10; 5; 4; 2; 1\}$ si compie in 6 passi, in quanto l' $o(5)$ passa all' $o(4)$ in tre passi, mentre il ciclo finale $\{7; 5; 4; 2; 1\}$ si compie in 16 passi, in quanto l' $o(7)$ passa all' $o(5)$ in 11 passi e, come già detto, l' $o(5)$ passa all' $o(4)$ in tre passi. Per convenienza questi cicli finali sono rappresentati da un solo tratto di linea, (un solo passo).

In figura 19 è rappresentato il grafico della discesa al mare dall'orizzonte principale del numero 104. Si giunge al mare in 5 passi anziché 12.

fig. 19

In figura 20 è rappresentato il grafico della discesa al mare dall'orizzonte principale del numero 99. Si giunge al mare in 5 passi anziché 25.

fig. 20

In figura 21 è rappresentato il grafico della discesa al mare dall'orizzonte principale del numero 101. Si giunge al mare in 6 passi anziché 25.

fig. 21

La soluzione della congettura di Siracusa permette di giungere al mare da quote altissime diminuendo enormemente il numero dei passi e restando sempre al di sotto dell'orizzonte principale.

Il grattacielo

Se volessimo scendere al primo piano di un altissimo grattacielo trovandoci al 63° piano, dovremmo seguire una strategia ben precisa nel pigiare i tasti dell'ascensore, altrimenti continueremo a scendere e a risalire fino ad arrivare addirittura al piano 9232. Invece, utilizzando il metodo dei cicli dei collegamenti, sappiamo che bisogna pigiare il tasto 61 dell'ascensore. E poi il tasto 46. E poi il tasto 23. Siccome già conosciamo il ciclo dei collegamenti del numero 23, scenderemo al primo piano (1) con facilità e da lì, con le scale, arriviamo al piano terra. Se non seguissimo questa strategia saremmo costretti a stare chiusi dentro all'ascensore, su e giù, per ben 107 piani. Tale strategia è sintetizzata in fig. 22.

$$63 \to 61 \to 46 \to 23 \to 20 \to 10 \to 5 \to 4 \to 2 \to 1$$

fig. 22

Conclusione

Avendo dimostrata la congettura di Siracusa, possiamo enunciare il seguente teorema.

Teorema di Collatz

Se a un qualsiasi numero intero naturale n, diverso da zero, si applica l'algoritmo 3n+1 se n è dispari, n/2 se n è pari, la successione dei valori ottenuti precipita a 1 dopo un numero finito di passi, rispettando sempre il ciclo finale {4; 2; 1}.

Appendice

Le dimostrazioni dei teoremi che risolvono la congettura di Siracusa offrono tante possibilità di applicazioni. Analizziamone alcune.

1)
In un qualsiasi ciclo è possibile calcolare il termine dal quale diventa minore del suo generatore.

Applichiamo le formule del teorema $2n+3$.

201 = $4n+1$ per $n = 50$, quindi 201 è in D_1. Per $n = 50$ corrisponde il numero dispari $2n-1 = 99$ in D. Da ciò $3n+5 = 302 \to$ **156** < 201.

83 = $8n+3$ per $n = 10$, quindi 83 è in D_2. Per $n = 10$ corrisponde il numero pari $4n = 40$ in P_1. Da ciò $(9n+16)/2 = 188 \to 94 \to$ **47** < 83.

119 = $8n-1$ per $n = 15$, quindi 119 è in D_3. Per $n = 15$ corrisponde il numero pari $4n-2 = 58$ in P_2. Da ciò $(27n+50)/2 = 808 \to 404 \to 202 \to$ **101** < 119.

Applichiamo le formule del teorema $2n+1$.

201 = $4n+1$ per $n = 50$, quindi 201 è in D_1. Per $n = 50$ corrisponde il numero pari $2n = 100$ in P. Da ciò $3n+2 = 302 \to$ **156** < 201.

83 = $8n+3$ per $n = 10$, quindi 83 è in D_2. Per $n = 10$ corrisponde il numero dispari $4n+1 = 41$ in D_1. Da ciò

$(9n+7)/2 = 188 \rightarrow 94 \rightarrow \mathbf{47} < 83$.

119 = 8n-1 per n = 15, quindi 119 è in D_3. Per n = 15 corrisponde il numero dispari 4n-1 = 59 in D_4. Da ciò $(27n+23)/2 = 808 \rightarrow 404 \rightarrow 202 \rightarrow \mathbf{101} < 119$.

I risultati ottenuti sono gli stessi.

2)

∀ n ∈ N si può risalire al corrispondente numero dispari in D_1, D_2, D_3, e calcolare il numero generatore del ciclo al quale si collega.

Applichiamo le formule del teorema 2n+3.

Per n = 10, 4n+1 = 41 in D_1 e 2n-1 = 19 in D, allora 3n+5 = 62 → 31 < 41.

Per n = 10, 8n+3 = 83 in D_2 e 4n = 40 in P_1, allora $(9n+16)/2 = 188 \rightarrow 94 \rightarrow 47 < 83$.

Per n = 10, 8n-1 = 79 in D_3 e 4n-2 = 38 in P_2, allora $(27n+50)/2 = 269$ in D_1 per n = 67 e 2n-1 = 133 in D, allora 3n+5 = 404 → 202 → 101 in D_1 per n = 25 e 2n-1 = 49 in D, allora 3n+5 = 152 → 76 < 79.

Per n = 11, 4n+1 = 45 in D_1 e 2n-1 = 21 in D, allora 3n+5 = 68 → 34 < 45.

Per n = 11, 8n + 3 = 91 in D_2 e 4n = 44 in P_1, allora $(9n+16)/2 = 206 \rightarrow 103$ in D_3 per n = 13 e 4n-2 = 50 in P_2, allora $(27n+50)/2 = 700 \to 350 \to 175$ in D_3 per $n = 22$ e $4n-2 = 86$ in P_2, allora $(27n+50)/2 = 1186 \to 593$ in D_1 per $n = 148$ e $2n-1 = 295$ in D, allora $3n+5 = 890 \to 445$ in D_1 per $n = 111$ e $2n-1 = 221$ in D, allora $3n+5 = 668 \to 334 \to 167$ in D_3 per $n = 21$ e $4n-2 = 82$ in P_2, allora $(27n+50)/2 = 1132 \to 566 \to 283$ in D_2 per $n = 35$ e $4n = 140$ in P_1, allora $(9n+16)/2 = 638 \to 319$ in D_3 per $n = 40$ e $4n-2 = 158$ in P_2, allora $(27n+50)/2 = 2158 \to 1079$ in D_3 per $n = 135$ e $4n-2 = 538$ in P_2, allora $(27n+50)/2 = 7288 \to 3644 \to 1822 \to 911$ in D_3 per $n = 114$ e $4n-2 = 454$ in P_2, allora $(27n+50)/2 = 6154 \to 3077$ in D_1 per $n = 769$ e $2n-1 = 1537$ in D, allora $3n+5 = 4616 \to 2308 \to 1154 \to 577$ in D_1 per $n = 144$ e $2n-1 = 287$ in D, allora $3n+5 = 866 \to 433$ in D_1 per $n = 108$ e $2n-1 = 215$ in D, allora $3n+5 = 650 \to 325$ in D_1 per n $= 81$ e $2n-1 = 161$ in D, allora $3n+5 = 488 \to 244 \to 122 \to 61 < 91$.

Per $n = 11$, $8n-1 = 87$ in D_3 e $4n-2 = 42$ in P_2, allora: $(27n+50)/2 = 592 \to 296 \to 148 \to 74 < 87$.

Gli identici risultati si ottengono applicando le formule del teorema $2n+1$.

Una tale procedura è applicabile a qualsiasi numero dispari in D_1, D_2, D_3. Per i numeri dispari in D_1 la procedura è assai semplice, mentre per i numeri dispari in D_2 e D_3 richiede una certa pazienza. Nei cicli di questi numeri dispari, soprattutto nei cicli molto lunghi, i collegamenti, di cui alla note esplicative c2) e c3), si ripetono più volte prima che un termine del ciclo diventi minore del suo generatore; così come è capitato nel ciclo del 91 nell'esempio precedente.

3)
Con riferimento al paragrafo **Il labirinto di Siracusa**, se volessimo uscire dal labirinto trovandoci nella stanza numero 101 dispari, la dimostrazione del teorema di Collatz suggerisce la seguente strategia:

101 $= 4n+1$ in D_1 per $n = 25 \rightarrow 2n-1 = 49$ in $D \rightarrow 3n+5 = 152 \rightarrow$ **76** < 101

76 $\rightarrow$ **38** < 76

38 $\rightarrow$ **19** < 38

19 $= 8n+3$ in D_2 per $n = 2 \rightarrow 4n = 8$ in $P_1 \rightarrow (9n+16)/2 = 44 \rightarrow 22 \rightarrow$ **11** < 19

11 $= 8n+3$ in D_2 per $n = 1 \rightarrow 4n = 4$ in $P_1 \rightarrow (9n+16)/2 = 26 \rightarrow 13 = 4n+1$ in D_1 per $n = 3 \rightarrow 2n-1 = 5$ in $D \rightarrow 3n+5 = 20 \rightarrow$ **10** < 11

10 $\rightarrow$ **5** < 10

5 $= 4n+1$ in D_1 per $n = 1 \rightarrow 2n-1 = 1$ in $D \rightarrow 3n+5 = 8 \rightarrow$ **4** < 5

4 $\rightarrow$ **2** $\rightarrow$ **1** $\rightarrow$ **USCITA**

Ritrovando il ciclo dei collegamenti di fig. 16 del suddetto paragrafo:

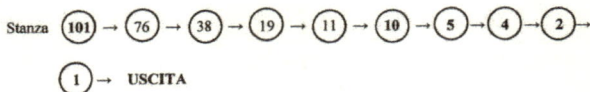

Stanza (**101**) → (76) → (38) → (19) → (11) → (10) → (5) → (4) → (2) →

(1) → USCITA

Al ciclo dei collegamenti del numero dispari 101, appli-chiamo le formule ricavate nella dimostrazione del teore-ma 2n+1.

101 = 4n+1 in D_1 per n = 25 → 2n = 50 in P → 3n+2 = 152 → **76** < 101

76 → **38** < 76

38 → **19** < 38

19 = 8n+3 in D_2 per n = 2 → 4n +1 = 9 in D_1 → (9n+7)/2 = 44 → 22 → **11** < 19

11 = 8n+3 in D_2 per n = 1 → 4n+1 = 5 in D_1 → (9n+7)/2 = 26 → 13 = 4n+1 in D_1 per n = 3 → 2n = 6 in P → 3n+2 = 20 → **10** < 11

10 → **5** < 10

5 = 4n+1 in D_1 per n = 1 → 2n = 2 in P → 3n+2 = 8 → **4** < 5

4 → **2** → **1** → **USCITA**

I risultati dei collegamenti sono perfettamente uguali a quelli ottenuti applicando le formule ricavate nella dimo-strazione del teorema 2n+3.

Applichiamo le formule del teorema 2n+1 per uscire dal labirinto di Siracusa trovandoci nella stanza dispari nume-ro 123.

123 in D_2 per n = 15 → 4n+1 = 61 in D_1 → (9n+7)/2 = 278 → 139 in D_2 per n = 17 → 4n+1 = 69 in D_1 → (9n+7)/2 = 314 → 157 in D_1 per n = 39 → 2n = 78 in P

$\rightarrow$ 3n+2 = 236 $\rightarrow$ **118** < 123
118 $\rightarrow$ **59** < 118
59 in D_2 per n = 7 $\rightarrow$ 4n+1 = 29 in D_1 $\rightarrow$ (9n+7)/2 = 134
$\rightarrow$ 67 in D_2 per n = 8 $\rightarrow$ 4n+1 = 33 in D_1 $\rightarrow$ (9n+7)/2 =
152 $\rightarrow$ 76 $\rightarrow$ **38** < 59
38 $\rightarrow$ **19** < 38
19 in D_2 per n = 2 $\rightarrow$ 4n+1 = 9 in D_1 $\rightarrow$ (9n+7)/2 = 44
$\rightarrow$ 22 $\rightarrow$ **11** < 19
11 in D_2 per n = 1 e 4n+1 = 5 in D_1 $\rightarrow$ (9n+7)/2 = 26 $\rightarrow$
13 in D_1 per n = 3 $\rightarrow$ 2n = 6 in P $\rightarrow$ 3n+2 = 20 $\rightarrow$ **10** < 11
10 $\rightarrow$ **5** $\rightarrow$ **4** $\rightarrow$ **2** $\rightarrow$ **1 CICLO FINALE**

Il ciclo dei collegamenti è rappresentato in fig. 23.

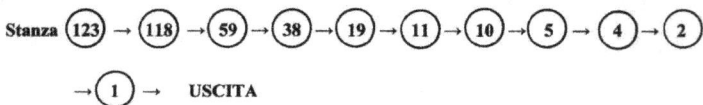

Stanza (123) $\rightarrow$ (118) $\rightarrow$ (59) $\rightarrow$ (38) $\rightarrow$ (19) $\rightarrow$ (11) $\rightarrow$ (10) $\rightarrow$ (5) $\rightarrow$ (4) $\rightarrow$ (2)

$\rightarrow$ (1) $\rightarrow$ USCITA

fig. 23

Altri esempi di applicazione delle formule ricavate dal teorema 2n+1:

1666 $\rightarrow$ 833 in D_1 per n = 208 $\rightarrow$ 2n = 416 in P $\rightarrow$ 3n+2
= 1250 $\rightarrow$ 625 in D_1 per n = 156 $\rightarrow$ 2n = 312 in P $\rightarrow$
3n+2 = 932 $\rightarrow$ 469 in D_1 per n = 117 $\rightarrow$ 2n = 234 in P $\rightarrow$
3n+2 = 704 $\rightarrow$ 352 $\rightarrow$ 176 $\rightarrow$ 88 $\rightarrow$ 44 $\rightarrow$ 22 $\rightarrow$ 11 $\rightarrow$
10 $\rightarrow$ ... $\rightarrow$ Uscita.
Riassunto:
1666 $\rightarrow$ 833 $\rightarrow$ 625 $\rightarrow$ 469 $\rightarrow$ 352 $\rightarrow$ 176 $\rightarrow$ 88 $\rightarrow$ 44
$\rightarrow$ 22 $\rightarrow$ 11 $\rightarrow$ 10 $\rightarrow$ 5 $\rightarrow$ 4 $\rightarrow$ 2 $\rightarrow$ 1

2224 $\to$ 1112 $\to$ 556 $\to$ 278 $\to$ 139 in D_2 per n = 17 $\to$ 4n+1 = 69 in D_1 $\to$ (9n+7)/2 = 314 $\to$ 157 in D_1 per n = 39 $\to$ 2n = 78 in P $\to$ 3n+2 = 236 $\to$ 118 $\to$ 59 in D_2 per n = 7 $\to$ 4n+1 = 29 in D_1 $\to$ (9n+7)/2 = 134 $\to$ 67 in D_2 per n = 8 $\to$ 4n+1 = 33 in D_1 $\to$ (9n+7)/2 = 152 $\to$ 76 $\to$ 38 $\to$ 19 in D_2 per n = 2 $\to$ 4n+1 = 9 in D_1 $\to$ (9n+7)/2 = 44 $\to$ 22 $\to$ 11 in D_2 per n = 1 $\to$ 4n+1 = 5 in D_1 $\to$ (9n+7)/2 = 26 $\to$ 13 in D_1 per n = 3 $\to$ 2n = 6 in P $\to$ 3n+2 = 20 $\to$ 10 $\to$ … $\to$ Uscita.

Riassunto:

2224 $\to$ 1112 $\to$ 556 $\to$ 278 $\to$ 139 $\to$ 118 $\to$ 59 $\to$ 38 $\to$ 19 $\to$ 11 $\to$ 10 $\to$ 5 $\to$ 4 $\to$ 2 $\to$ 1

2428 $\to$ 1214 $\to$ 607 in D_3 per n = 76 $\to$ 4n-1 = 303 in D_4 $\to$ (27n+23)/2 = 4102 $\to$ 2051 in D_2 per n = 256 $\to$ 4n+1 = 1025 in D_1 $\to$ (9n+7)/2 = 4616 $\to$ 2308 $\to$ 1154 $\to$ 577 in D_1 per n = 144 $\to$ 2n = 288 in P $\to$ 3n+2 = 866 $\to$ 433 in D_1 per n = 108 $\to$ 2n = 216 in P $\to$ 3n+2 = 650 $\to$ 325 in D_1 per n = 81 $\to$ 2n = 162 in P $\to$ 3n+2 = 488 $\to$ 244 $\to$ 122 $\to$ 61 in D_1 per n = 15 $\to$ 2n = 30 in P $\to$3n+2 = 92 $\to$ 46 $\to$ 23 in D_3 per n = 3 $\to$ 4n-1 = 11 in D_4 $\to$ (27n+23)/2 = 160 $\to$ 80$\to$ 40 $\to$ 20 $\to$ 10 $\to$ … $\to$ Uscita.

Riassunto:

2428 $\to$ 1214 $\to$ 607 $\to$ 577 $\to$ 433 $\to$ 325 $\to$ 244 $\to$ 122 $\to$ 61 $\to$ 46 $\to$ 23 $\to$ 20 $\to$ 10 $\to$ 5 $\to$ 4 $\to$ 2 $\to$ 1

2888 $\to$ 1444 $\to$ 722 $\to$ 361 in D_1 per n = 90 $\to$ 2n = 180 in P $\to$ 3n+2 = 542 $\to$ 271 in D_3 per n = 34 $\to$ 4n-1

= 135 in D_4 → $(27n+23)/2$ = 1834 → 917 in D_1 per n = 229 → 2n = 458 in P → 3n+2 = 1376 → 688 → 344 → 172 → 86 → 43 in D_2 per n = 5 → 4n+1 = 21 in D_1 → $(9n+7)/2$ = 98 → 49 in D_1 per n = 12 → 2n = 24 in P → 3n+2 = 74 → 37 in D_1 per n = 9 → 2n = 18 in P → 3n+2 = 56 → 28 → 14 → ... → Uscita.

Riassunto:

2888 → 1444 → 722 → 361 → 271 → 172 → 86 → 43 → 37 → 28 → 14 → 7 → 5 → 4 → 2 → 1

3220 → 1610 → 805 in D_1 per n = 201 → 2n = 402 in P → 3n+2 = 1208 → 604 → 302 → 151 in D_3 per n = 19 → 4n-1 = 75 in D_4 → $(27n+23)/2$ = 1024 → 512 → 256 → 128 → 64 → 32 → 16 → ... → Uscita.

Riassunto:

3220 → 1610 → 805 → 604 → 302 → 151 → 128 → 64 → 32 → 16 → 8 → 4 → 2 → 1

5220 → 2610 → 1305 in D_1 per n = 326 → 2n = 652 in P → 3n+2 = 1958 → 979 in D_2 per n = 122 → 4n+1 = 489 in D_1 → $(9n+7)/2$ = 2204 → 1102 → 551 in D_3 per n = 69 → 4n-1 = 275 in D_4 → $(27n+23)/2$ = 3724 → 1862 → 931 in D_2 per n = 116 → 4n+1 = 465 in D_1 → $(9n+7)/2$ = 2096 → 1048 → 524 → 262 → 131 in D_2 per n = 16 → 4n+1 = 65 in D_1 → $(9n+7)/2$ = 296 → 148 → 74 → 37 in D_1 per n = 9 → 2n = 18 in P → 3n+2 = 56 → 28 →14 → 7 → ... → Uscita.

Riassunto:

5220 → 2610 → 1305 → 979 → 551 → 524 → 262 →

$131 \rightarrow 74 \rightarrow 37 \rightarrow 28 \rightarrow 14 \rightarrow 7 \rightarrow 5 \rightarrow 4 \rightarrow 2 \rightarrow 1$

6604 $\rightarrow 3302 \rightarrow 1651$ in D_2 per n = 206 $\rightarrow 4n+1 = 825$ in $D_1 \rightarrow (9n+7)/2 = 3716 \rightarrow 1858 \rightarrow 929$ in D_1 per n = 232 $\rightarrow 2n = 464$ in P $\rightarrow 3n+2 = 1394 \rightarrow 697$ in D_1 per n = 174 $\rightarrow 2n = 348$ in P $\rightarrow 3n+2 = 1046 \rightarrow 523$ in D_2 per n = 65 $\rightarrow 4n+1 = 261$ in $D_1 \rightarrow (9n+7)/2 = 1178 \rightarrow$ 589 in D_1 per n = 147 $\rightarrow 2n = 294$ in P $\rightarrow 3n+2 = 884 \rightarrow$ 442 $\rightarrow 221$ in D_1 per n = 55 $\rightarrow 2n = 110$ in P $\rightarrow 3n+2 = $ 332 $\rightarrow 166 \rightarrow 83$ in D_2 per n = 10 $\rightarrow 4n+1 = 41$ in $D_1 \rightarrow$ $(9n+7)/2 = 188 \rightarrow 94 \rightarrow 47 \rightarrow \ldots \rightarrow 46 \rightarrow 23$ in D_3 per n = 3 $\rightarrow 4n-1 = 11$ in $D_4 \rightarrow (27n+23)/2 = 160 \rightarrow 80 \rightarrow$ $40 \rightarrow 20 \rightarrow 10 \rightarrow \ldots \rightarrow$ Uscita.

Riassunto:

$6604 \rightarrow 3302 \rightarrow 1651 \rightarrow 929 \rightarrow 697 \rightarrow 523 \rightarrow 442 \rightarrow$ $221 \rightarrow 166 \rightarrow 83 \rightarrow 47 \rightarrow 46 \rightarrow 23 \rightarrow 20 \rightarrow 10 \rightarrow 5$ $\rightarrow 4 \rightarrow 2 \rightarrow 1$

118000 $\rightarrow 59000 \rightarrow 29500 \rightarrow 14750 \rightarrow 7375$ in D_3 per n = 922 $\rightarrow 4n-1 = 3687$ in $D_4 \rightarrow (27n+23)/2 = 49786 \rightarrow$ 24893 in D_1 per n = 6223 $\rightarrow 2n = 12446$ in P $\rightarrow 3n+2 = $ 37340 $\rightarrow 18670 \rightarrow 9335$ in D_3 per n = 1167 $\rightarrow 4n-1 = $ 4667 in $D_4 \rightarrow (27n+23)/2 = 63016 \rightarrow 31508 \rightarrow 15754$ $\rightarrow 7877$ in D_1 per n = 1969 $\rightarrow 2n = 3938$ in P $\rightarrow 3n+2$ = 11816 $\rightarrow 5908 \rightarrow 2954 \rightarrow 1477$ in D_1 per n = 369 $\rightarrow$ 2n = 738 in P $\rightarrow 3n+2 = 2216 \rightarrow 1108 \rightarrow 554 \rightarrow 277$ in D_1 per n = 69 $\rightarrow 2n = 138$ in P $\rightarrow 3n+2 = 416 \rightarrow 208 \rightarrow$ 104 $\rightarrow 52 \rightarrow 26 \rightarrow 13$ in D_1 per n = 3 $\rightarrow 2n = 6$ in P $\rightarrow$ $3n+2 = 20 \rightarrow 10 \rightarrow \ldots \rightarrow$ Uscita.

Riassunto:

118000 → 59000 → 29500 → 14750 → 7375 → 5908 → 2954 → 1477 → 1108 → 554 → 277 → 208 → 104 → 52 → 26 → 13 → 10 → 5 → 4 → 2 → 1

...

Finale

I teoremi che risolvono la congettura di Siracusa permettono di sostituire ai cicli dell'algoritmo di Collatz i cicli dei collegamenti, trasformando le loro successioni oscillanti in successioni monotòne decrescenti, le quali, dopo un numero finito di passi (estremamente inferiore), precipitano a 1 rispettando sempre i cicli finali **{10; 5; 4; 2; 1}** o **{7; 5; 4; 2; 1}**.

Concludiamo con i cicli dei collegamenti del numero dispari 6777 (fig. 24) e del numero dispari 10131 (fig. 25), i quali sintetizzano in maniera efficace il lavoro svolto.

fig. 24

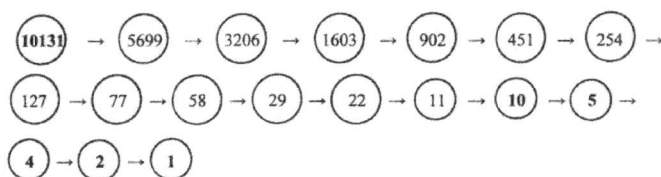

fig. 25

Rolando Zucchini

La congettura di Siracusa

Tavole dei Collegamenti
da 5 a 1999

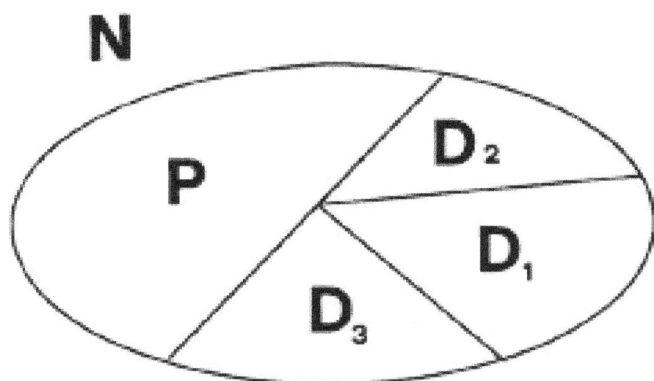

(5 – 99)

D_1

5 → 4
9 → 7 D_3
13 → 10
17 → 13 D_1
21 → 16
25 → 19 D_2
29 → 22
33 → 25 D_1
37 → 28
41 → 31 D_3
45 → 34
49 → 37 D_1
53 → 40
57 → 43 D_2
61 → 46
65 → 49 D_1
69 → 52
73 → 55 D_3
77 → 58
81 → 61 D_1
85 → 64
89 → 67 D_2
93 → 70
97 → 73 D_1

D_2

11 → 10
19 → 11 D_2
27 → 23 D_3
35 → 20
43 → 37 D_1
51 → 29 D_1
59 → 38
67 → 38
75 → 64
83 → 47 D_3
91 → 61 D_1
99 → 56

D_3

7 → 5 D_1
15 → 10
23 → 20
31 → 23 D_3
39 → 38
47 → 46
55 → 47 D_3
63 → 61 D_1
71 → 61 D_1
79 → 76
87 → 74
95 → 91 D_2

(101 – 199)

D$_1$

101 → 76
105 → 79 D$_3$
109 → 82
113 → 85 D$_1$
117 → 88
121 → 91 D$_2$
125 → 94
129 → 97 D$_1$
133 → 100
137 → 103 D$_3$
141 → 106
145 → 109 D$_1$
149 → 112
153 → 115 D$_2$
157 → 118
161 → 121 D$_1$
165 → 124
169 → 127 D$_3$
173 → 130
177 → 133 D$_1$
181 → 136
185 → 139 D$_2$
189 → 142
193 → 145 D$_1$
197 → 148

D$_2$

107 → 91 D$_2$
115 → 65 D$_1$
123 → 118
131 → 74
139 → 118
147 → 83 D$_2$
155 → 122
163 → 92
171 → 145 D$_1$
179 → 101 D$_1$
187 → 119 D$_3$
195 → 110

D$_3$

103 → 61 D$_1$
111 → 61 D$_1$
119 → 101 D$_1$
127 → 77 D$_1$
135 → 86
143 → 91 D$_2$
151 →128
159 → 122
167 → 122
175 → 167 D$_3$
183 → 155 D$_2$
191 → 154
199 → 190

(201 – 299)

D_1	D_2	D_3
$201 \rightarrow 151\ D_3$	$203 \rightarrow 172$	$207 \rightarrow 167\ D_3$
$205 \rightarrow 154$	$211 \rightarrow 119\ D_3$	$215 \rightarrow 182$
$209 \rightarrow 157\ D_1$	$219 \rightarrow 209\ D_1$	$223 \rightarrow 122$
$213 \rightarrow 160$	$227 \rightarrow 128$	$231 \rightarrow 124$
$217 \rightarrow 163\ D_2$	$235 \rightarrow 199\ D_3$	$239 \rightarrow 122$
$221 \rightarrow 166$	$243 \rightarrow 137\ D_1$	$247 \rightarrow 209\ D_1$
$225 \rightarrow 169\ D_1$	$251 \rightarrow 244$	$255 \rightarrow 205\ D_1$
$229 \rightarrow 172$	$259 \rightarrow 146$	$263 \rightarrow 167\ D_3$
$233 \rightarrow 175\ D_3$	$267 \rightarrow 226$	$271 \rightarrow 172$
$237 \rightarrow 178$	$275 \rightarrow 155\ D_2$	$279 \rightarrow 236$
$241 \rightarrow 181\ D_1$	$283 \rightarrow 244$	$287 \rightarrow 205\ D_1$
$245 \rightarrow 184$	$291 \rightarrow 164$	$295 \rightarrow 281\ D_1$
$249 \rightarrow 187\ D_2$	$299 \rightarrow 253\ D_1$	
$253 \rightarrow 190$		
$257 \rightarrow 193\ D_1$		
$261 \rightarrow 196$		
$265 \rightarrow 199\ D_3$		
$269 \rightarrow 202$		
$273 \rightarrow 205\ D_1$		
$277 \rightarrow 208$		
$281 \rightarrow 211\ D_2$		
$285 \rightarrow 214$		
$289 \rightarrow 217\ D_1$		
$293 \rightarrow 220$		
$297 \rightarrow 223\ D_3$		

.

(**301 – 399**)

D_1	D_2	D_3
$301 \rightarrow 226$	$307 \rightarrow 173\ D_1$	$303 \rightarrow 244$
$305 \rightarrow 229\ D_1$	$315 \rightarrow 200$	$311 \rightarrow 263\ D_3$
$309 \rightarrow 232$	$323 \rightarrow 182$	$319 \rightarrow 244$
$313 \rightarrow 235\ D_2$	$331 \rightarrow 280$	$327 \rightarrow 250$
$317 \rightarrow 238$	$339 \rightarrow 191\ D_3$	$335 \rightarrow 319\ D_3$
$321 \rightarrow 241\ D_1$	$347 \rightarrow 248$	$343 \rightarrow 290$
$325 \rightarrow 244$	$355 \rightarrow 200$	$351 \rightarrow 334$
$329 \rightarrow 247\ D_3$	$363 \rightarrow 307\ D_2$	$359 \rightarrow 325\ D_1$
$333 \rightarrow 250$	$371 \rightarrow 209\ D_1$	$367 \rightarrow 262$
$337 \rightarrow 253\ D_1$	$379 \rightarrow 361\ D_1$	$375 \rightarrow 317\ D_1$
$341 \rightarrow 256$	$387 \rightarrow 218$	$383 \rightarrow 205\ D_1$
$345 \rightarrow 259\ D_2$	$395 \rightarrow 334$	$391 \rightarrow 248$
$349 \rightarrow 262$		$399 \rightarrow 253\ D_1$
$353 \rightarrow 265\ D_1$		
$357 \rightarrow 268$		
$361 \rightarrow 271\ D_3$		
$365 \rightarrow 274$		
$369 \rightarrow 277\ D_1$		
$373 \rightarrow 280$		
$377 \rightarrow 283\ D_2$		
$381 \rightarrow 286$		
$385 \rightarrow 289\ D_1$		
$389 \rightarrow 292$		
$393 \rightarrow 295\ D_3$		
$397 \rightarrow 298$		

.

(401 – 499)

D_1

401 → 301 D_1
405 → 304
409 → 307 D_2
413 → 310
417 → 313 D_1
421 → 316
425 → 319 D_3
429 → 322
433 → 325 D_1
437 → 328
441 → 331 D_2
445 → 334
449 → 337 D_1
453 → 340
457 → 343 D_3
461 → 346
465 → 349 D_1
469 → 352
473 → 355 D_2
477 → 358
481 → 361 D_1
485 → 364
489 → 367 D_3
493 → 370
497 → 373 D_1

D_2

403 → 227 D_2
411 → 248
419 → 236
427 → 361 D_1
435 → 245 D_1
443 → 281 D_1
451 → 254
459 → 388
467 → 263 D_3
475 → 452
483 → 272
491 → 415 D_3
499 → 281 D_1

D_3

407 → 344
415 → 250
423 → 302
431 → 410
439 → 371 D_2
447 → 346
455 → 433 D_1
463 → 248
471 → 398
479 → 433 D_1
487 → 248
495 → 478

.

(**501 – 599**)

D_1
501 → 376
505 → 379 D_2
509 → 382
513 → 385 D_1
517 → 388
521 → 391 D_3
525 → 394
529 → 397 D_1
533 → 400
537 → 403 D_2
541 → 406
545 → 409 D_1
549 → 412
553 → 415 D_3
557 → 418
561 → 421 D_1
565 → 424
569 → 427 D_2
573 → 430
577 → 433 D_1
581 → 436
585 → 439 D_3
589 → 442
593 → 445 D_1
597 → 448

D_2
507 → 362
515 → 290
523 → 442
531 → 299 D_2
539 → 433 D_1
547 → 308
555 → 469 D_1
563 → 317 D_1
571 → 362
579 → 326
587 → 496
595 → 335 D_3

D_3
503 → 425D_1
511 → 346
519 → 329 D_1
527 → 334
535 → 452
543 → 436
551 → 524
559 → 505 D_1
567 → 479 D_3
575 → 410
583 → 416
591 → 562
599 → 506

.

(601 – 699)

D$_1$

601 → 451 D$_2$
605 → 454
609 → 457 D$_1$
613 → 460
617 → 463 D$_3$
621 → 466
625 → 469 D$_1$
629 → 472
633 → 475 D$_2$
637 → 478
641 → 481 D$_1$
645 → 484
649 → 487 D$_3$
653 → 490
657 → 493 D$_1$
661 → 496
665 → 499 D$_2$
669 → 502
673 → 505 D$_1$
677 → 508
681 → 511 D$_3$
685 → 514
689 → 517 D$_1$
693 → 520
697 → 523 D$_2$

D$_2$

603 → 545 D$_1$
611 → 344
619 → 523 D$_2$
627 → 353 D$_1$
635 → 604
643 → 362
651 → 550
659 → 371 D$_2$
667 → 572
675 → 380
683 → 577 D$_1$
691 → 389 D$_1$
699 → 391 D$_3$

D$_3$

607 → 577 D$_1$
615 → 329 D$_1$
623 → 500
631 → 533 D$_1$
639 → 365 D$_1$
647 → 410
655 → 415 D$_3$
663 → 560
671 → 346
679 → 545 D$_1$
687 → 653 D$_1$
695 → 587 D$_3$

.

(**701 – 799**)

D_1	D_2	D_3
701 → 526	707 → 398	703 → 565 D_1
705 → 529 D_1	715 → 604	711 → 676
709 → 532	723 → 407 D_3	719 → 577 D_1
713 → 535 D_3	731 → 695 D_3	727 → 614
717 → 538	739 → 416	735 → 524
721 → 541 D_1	747 → 631 D_3	743 → 637 D_1
725 → 544	755 → 425 D_1	751 → 572
729 → 547 D_2	763 → 388	759 → 641 D_1
733 → 550	771 → 434	767 → 692
737 → 553 D_1	779 → 658	775 → 491 D_2
741 → 556	787 → 443 D_2	783 → 496
745 → 559 D_3	795 → 767 D_3	791 → 668
749 → 562		799 → 641 D_1
753 → 565 D_1		
757 → 568		
761 → 571 D_2		
765 → 574		
769 → 577 D_1		
773 → 580		
777 → 583 D_3		
781 → 586		
785 → 589 D_1		
789 → 592		
793 → 595 D_2		
797 → 598		

.

(801 – 899)

D_1	D_2	D_3
801 → 601 D_1	803 → 452	807 → 767 D_3
805 → 604	811 → 685 D_1	815 → 581 D_1
809 → 607 D_3	819 → 461 D_1	823 → 695 D_3
813 → 610	827 → 524	831 → 500
817 → 613 D_1	835 → 470	839 → 505 D_1
821 → 616	843 → 712	847 → 805 D_1
825 → 619 D_2	851 → 479 D_3	855 → 722
839 → 622	859 → 776	863 → 820
833 → 625 D_1	867 → 488	871 → 797 D_1
837 → 628	875 → 739 D_2	879 → 470
841 → 631 D_3	883 → 497 D_1	887 → 749 D_1
845 → 634	891 → 847 D_3	895 → 767 D_3
849 → 637 D_1	899 → 506	
853 → 640		
857 → 643 D_2		
861 → 646		
865 → 649 D_1		
869 → 652		
873 → 655 D_3		
877 → 658		
881 → 661 D_1		
885 → 664		
889 → 667 D_2		
893 → 670		
897 → 673 D_1		

.

(901 – 999)

D$_1$
901 → 676
905 → 679 D$_3$
909 → 682
913 → 685 D$_1$
917 → 688
921 → 691 D$_2$
925 → 694
929 → 697 D$_1$
933 → 700
937 → 703 D$_3$
941 → 706
945 → 709 D$_1$
949 → 712
953 → 715 D$_2$
957 → 718
961 → 721 D$_1$
965 → 724
969 → 727 D$_3$
973 → 730
977 → 733 D$_1$
981 → 736
985 → 739 D$_2$
989 → 742
993 → 745 D$_1$
997 → 748

D$_2$
907 → 766
915 → 515 D$_2$
923 → 658
931 → 524
939 → 793 D$_1$
947 → 533 D$_1$
955 → 769 D$_1$
963 → 542
971 → 820
979 → 551 D$_3$
987 → 938
995 → 560

D$_3$
903 → 572
911 → 577 D$_1$
919 → 776
927 → 637 D$_1$
935 → 500
943 → 896
951 → 803 D$_2$
959 → 730
967 → 919 D$_3$
975 → 695 D$_3$
983 → 830
991 → 637 D$_1$
999 → 712

.

(1001 – 1099)

D_1	D_2	D_3
$1001 \rightarrow 751\ D_3$	$1003 \rightarrow 847\ D_3$	$1007 \rightarrow 767\ D_3$
$1005 \rightarrow 754$	$1011 \rightarrow 569\ D_1$	$1015 \rightarrow 857\ D_1$
$1009 \rightarrow 757\ D_1$	$1019 \rightarrow 545\ D_1$	$1023 \rightarrow 692$
$1013 \rightarrow 760$	$1027 \rightarrow 578$	$1031 \rightarrow 653\ D_1$
$1017 \rightarrow 763\ D_2$	$1035 \rightarrow 874$	$1039 \rightarrow 869\ D_1$
$1021 \rightarrow 766$	$1043 \rightarrow 587\ D_2$	$1047 \rightarrow 884$
$1025 \rightarrow 769\ D_1$	$1051 \rightarrow 901\ D_1$	$1055 \rightarrow 628$
$1029 \rightarrow 772$	$1059 \rightarrow 596$	$1063 \rightarrow 730$
$1033 \rightarrow 775\ D_3$	$1067 \rightarrow 901\ D_1$	$1071 \rightarrow 859\ D_2$
$1037 \rightarrow 778$	$1075 \rightarrow 605\ D_1$	$1079 \rightarrow 911\ D_3$
$1041 \rightarrow 781\ D_1$	$1083 \rightarrow 686$	$1087 \rightarrow 871\ D_3$
$1045 \rightarrow 784$	$1091 \rightarrow 614$	$1095 \rightarrow 659\ D_2$
$1049 \rightarrow 787\ D_2$	$1099 \rightarrow 928$	
$1053 \rightarrow 790$		
$1057 \rightarrow 793\ D_1$		
$1061 \rightarrow 796$		
$1065 \rightarrow 799\ D_3$		
$1069 \rightarrow 802$		
$1073 \rightarrow 805\ D_1$		
$1077 \rightarrow 808$		
$1081 \rightarrow 811\ D_2$		
$1085 \rightarrow 814$		
$1089 \rightarrow 817\ D_1$		
$1093 \rightarrow 820$		
$1097 \rightarrow 823\ D_3$		

.

(1101 – 1199)

D_1
1101 → 826
1105 → 829 D_1
1109 → 832
1113 → 835 D_2
1117 → 838
1121 → 841 D_1
1125 → 844
1129 → 847 D_3
1133 → 850
1137 → 853 D_1
1141 → 856
1145 → 859 D_2
1149 → 862
1153 → 865 D_1
1157 → 868
1161 → 871 D_3
1165 → 874
1169 → 877 D_1
1173 → 880
1177 → 883 D_2
1181 → 886
1185 → 889 D_1
1189 → 892
1193 → 895 D_3
1197 → 898

D_2
1107 → 623 D_3
1115 → 637 D_1
1123 → 632
1131 → 955 D_2
1139 → 886
1147 → 1090
1155 → 650
1163 → 982
1171 → 659 D_2
1179 → 1064
1187 → 668
1195 → 1009 D_1

D_3
1103 → 1048
1111 → 938
1119 → 1063 D_3
1127 → 1099 D_2
1135 → 910
1143 → 965 D_1
1151 → 692
1159 → 734
1167 → 739 D_2
1175 → 992
1183 → 1067 D_2
1191 → 955 D_2
1199 → 1139 D_2

.

(1201 – 1299)

D_1	D_2	D_3
1201 → 901 D_1	1203 → 677 D_1	1207 → 1019 D_2
1205 → 904	1211 → 767 D_3	1215 → 974
1209 → 907 D_2	1219 → 686	1223 → 1162
1213 → 910	1227 → 1036	1231 → 658
1217 → 913 D_1	1235 → 695 D_3	1239 → 1046
1221 → 916	1243 → 1181 D_1	1247 → 1000
1225 → 919 D_3	1251 → 704	1255 → 637 D_1
1229 → 922	1259 → 1063 D_3	1263 → 1185 D_1
1233 → 925 D_1	1267 → 713 D_1	1271 → 1073 D_1
1237 → 928	1275 → 767 D_3	1279 → 730
1241 → 931 D_2	1283 → 722	1287 → 815 D_3
1245 → 934	1291 → 1090	1295 → 820
1249 → 937 D_1	1299 → 731 D_2	
1253 → 940		
1257 → 943 D_3		
1261 → 946		
1265 → 949 D_1		
1268 → 952		
1273 → 955 D_2		
1277 → 958		
1281 → 961 D_1		
1285 → 964		
1289 → 967 D_3		
1293 → 970		
1297 → 973 D_1		

.

(1301 – 1399)

D_1
1301 → 976
1305 → 979 D_2
1309 → 982
1313 → 985 D_1
1317 → 988
1321 → 991 D_3
1325 → 994
1329 → 997 D_1
1333 → 1000
1337 → 1003 D_2
1341 → 1006
1345 → 1009 D_1
1349 → 1012
1353 → 1015 D_3
1357 → 1018
1361 → 1021 D_1
1365 → 1024
1369 → 1027 D_2
1373 → 1030
1377 → 1033 D_1
1381 → 1036
1385 → 1039 D_3
1389 → 1042
1393 → 1045 D_1
1397 → 1048

D_2
1307 → 797 D_1
1315 → 740
1323 → 1117 D_1
1331 → 749 D_1
1339 → 874
1347 → 758
1355 → 1144
1363 → 767 D_3
1371 → 977 D_1
1379 → 776
1387 → 1171 D_2
1395 → 785 D_1

D_3
1303 → 1100
1311 → 934
1319 → 1253 D_1
1327 → 1064
1335 → 1127 D_3
1343 → 767 D_3
1351 → 1219 D_2
1359 → 1291 D_2
1367 → 1154
1375 → 1306
1383 → 712
1391 → 1103 D_3
1399 → 1181 D_1

.

(1401 – 1499)

D_1
1401 → 1051 D_2
1405 → 1054
1409 → 1057 D_1
1413 → 1060
1417 → 1063 D_3
1421 → 1066
1425 → 1069 D_1
1429 → 1072
1433 → 1075 D_2
1437 → 1078
1441 → 1081 D_1
1445 → 1084
1449 → 1087 D_3
1453 → 1090
1457 → 1093 D_1
1461 → 1096
1465 → 1099 D_2
1469 → 1102
1473 → 1105 D_1
1477 → 1108
1481 → 1111 D_3
1485 → 1114
1489 → 1117 D_1
1493 → 1120
1497 → 1123 D_2

D_2
1403 → 1000
1411 → 794
1419 → 1198
1427 → 803 D_2
1435 → 767 D_3
1443 → 812
1451 → 1225 D_1
1459 → 821 D_1
1467 → 929 D_2
1475 → 830
1483 → 1144
1491 → 839 D_3
1499 → 1424

D_3
1407 → 1220
1415 → 896
1423 → 901 D_1
1431 → 1208
1439 → 730
1447 → 1031 D_3
1455 → 1382
1463 → 1235 D_2
1471 → 797 D_1
1479 → 1405 D_1
1487 → 1274
1495 → 1262

.

(1501 – 1599)

D_1
1501 → 1126
1505 → 1129 D_1
1509 → 1132
1513 → 1135 D_3
1517 → 1138
1521 → 1141 D_1
1525 → 1144
1529 → 1147 D_2
1533 → 1150
1537 → 1153 D_1
1541 → 1156
1545 → 1159 D_3
1549 → 1162
1553 → 1165 D_1
1557 → 1168
1561 → 1171 D_2
1565 → 1174
1569 → 1177 D_1
1573 → 1180
1577 → 1183 D_3
1581 → 1186
1585 → 1189 D_1
1589 → 1192
1593 → 1195 D_2
1597 → 1198

D_2
1507 → 874
1515 → 1279 D_3
1523 → 857 D_1
1531 → 1091 D_2
1539 → 861 D_1
1547 → 1306
1555 → 875 D_2
1563 → 1253 D_1
1571 → 884
1579 → 1333 D_1
1587 → 893 D_1
1595 → 1010

D_3
1503 → 827 D_2
1511 → 767 D_3
1519 → 1370
1527 → 1289 D_1
1535 → 1384
1543 → 977 D_1
1551 → 982
1559 → 1316
1567 → 1256
1575 → 1496
1583 → 1256
1591 → 1343 D_3
1599 → 1139 D_2

.

(1601 – 1699)

D_1

1601 → 1201 D_1
1605 → 1204
1609 → 1207 D_3
1613 → 1210
1617 → 1213 D_1
1621 → 1216
1625 → 1219 D_2
1629 → 1222
1633 → 1225 D_1
1637 → 1228
1641 → 1231 D_3
1645 → 1234
1649 → 1237 D_1
1653 → 1240
1657 → 1243 D_2
1661 → 1246
1665 → 1249 D_1
1669 → 1252
1673 → 1255 D_3
1677 → 1258
1681 → 1261 D_1
1685 → 1264
1689 → 1267 D_2
1693 → 1270
1697 → 1273 D_1

D_2

1603 → 902
1611 → 1360
1619 → 911 D_3
1627 → 1468
1635 → 920
1643 → 1387 D_2
1651 → 929 D_1
1659 → 1576
1667 → 938
1675 → 1414
1683 → 947 D_2
1691 → 1465 D_1
1699 → 956

D_3

1607 → 1145 D_1
1615 → 1534
1623 → 1370
1631 → 1549 D_1
1639 → 1424
1647 → 880
1655 → 1397 D_1
1663 → 1424
1671 → 1058
1679 → 1063 D_3
1687 → 1424
1695 → 1450

.

(1701 – 1799)

D_1
1701 → 1276
1705 → 1279 D_3
1709 → 1282
1713 → 1285 D_1
1717 → 1288
1721 → 1291 D_2
1725 → 1294
1729 → 1297 D_1
1733 → 1300
1737 → 1303 D_3
1741 → 1306
1745 → 1309 D_1
1749 → 1312
1753 → 1315 D_2
1757 → 1318
1761 → 1321 D_1
1765 → 1324
1769 → 1327 D_3
1773 → 1330
1777 → 1333 D_1
1781 → 1336
1785 → 1339 D_2
1789 → 1342
1793 → 1345 D_1
1797 → 1348

D_2
1707 → 1441 D_1
1715 → 965 D_1
1723 → 1091 D_2
1731 → 974
1739 → 1468
1747 → 983 D_3
1755 → 1667 D_2
1763 → 992
1771 → 1495 D_3
1779 → 1001 D_1
1787 → 955 D_2
1795 → 1010

D_3
1703 → 910
1711 → 1625 D_1
1719 → 1451 D_2
1727 → 1384
1735 → 1648
1743 → 1594
1751 → 1478
1759 → 1253 D_1
1767 → 1345 D_1
1775 → 1067 D_2
1783 → 1505 D_1
1791 → 1211 D_2
1799 → 1139 D_2

.

(1801 – 1899)

D_1	D_2	D_3
1801 → 1351 D_3	1803 → 1522	1807 → 1144
1805 → 1354	1811 → 1019 D_2	1815 → 1532
1809 → 1357 D_1	1819 → 1067 D_2	1823 → 974
1813 → 1360	1827 → 1028	1831 → 1739 D_2
1817 → 1363 D_2	1835 → 1549 D_1	1839 → 1310
1821 → 1366	1843 → 1037 D_1	1847 → 1559 D_3
1825 → 1369 D_1	1851 → 1172	1855 → 991 D_3
1829 → 1372	1859 → 1046	1863 → 1064
1833 → 1375 D_3	1867 → 1576	1871 → 1777 D_1
1837 → 1378	1875 → 1055 D_3	1879 → 1586
1841 → 1381 D_1	1883 → 1274	1887 → 1792
1845 → 1384	1891 → 1064	1895 → 1622
1849 → 1387 D_2	1899 → 1603 D_2	
1853 → 1390		
1857 → 1393 D_1		
1861 → 1396		
1865 → 1399 D_3		
1869 → 1402		
1873 → 1405 D_1		
1877 → 1408		
1881 → 1411 D_2		
1885 → 1414		
1889 → 1417 D_1		
1893 → 1420		
1897 → 1423 D_3		

.

(1901 – 1999)

D_1
1901 → 1426
1905 → 1429 D_1
1909 → 1432
1913 → 1435 D_2
1917 → 1438
1921 → 1441 D_1
1925 → 1444
1929 → 1447 D_3
1933 → 1450
1937 → 1453 D_1
1941 → 1456
1945 → 1459 D_2
1949 → 1462
1953 → 1465 D_1
1957 → 1468
1961 → 1471 D_3
1965 → 1474
1969 → 1477 D_1
1973 → 1480
1977 → 1483 D_2
1981 → 1486
1985 → 1489 D_1
1989 → 1492
1993 → 1495 D_3
1997 → 1498.

D_2
1907 → 1073 D_1
1915 → 1819 D_2
1923 → 1082
1931 → 1630
1939 → 1091 D_2
1947 → 1387 D_2
1955 → 1100
1963 → 1657 D_1
1971 → 1718
1979 → 1253 D_1
1987 → 1118
1995 → 1684

D_3
1903 → 1144
1911 → 1613 D_1
1919 → 1460
1927 → 1220
1935 → 1225 D_1
1943 → 1640
1951 → 1811 D_2
1959 → 1184
1967 → 1868
1975 → 1667 D_2
1983 → 1589 D_1
1991 → 1891 D_2
1999 → 1424

Sommario

ſ.

Finito di stampare per conto di Mnamon nel mese di aprile 2015 presso Andersen S.p.a. Novara
Pubblicato in versione ebook da Mnamon 12 maggio 2015
Pubblicato da Mnamon per vendita on demand su Amazon.com 10 giugno 2015

www.ingramcontent.com/pod-product-compliance
Lightning Source LLC
Chambersburg PA
CBHW020158200326
41521CB00006B/417